悪魔の第七三一部隊の全貌
第七三一部隊航空班・写真班によって撮影された部隊施設全景。カタカナの「ロ」の字形をした通称「ロ号棟」と呼ばれる部隊本部建物や、「ロ号棟」に囲まれた特設監獄(俗称マルタ小屋)が、はっきりと見える。

完成した第七三一部隊全景
部隊全施設が完成したのは、1939年(昭和14年)である。写真中央上方から右下へ宿舎群に続き教育部建物、大講堂、「ロ号棟」および研究室のあった研究棟、資材部倉庫から田中班(昆虫舎)建物へと続く。

建設途上の「ロ号棟」および総務部建物

元特設監獄跡
元特設監獄跡は付近の工場で生産されるコンクリート・ブロックの乾燥場となっていた。

第七三一部隊特設監獄全景
「ロ号棟」の中に左右対称形の監獄があり、「マルタ小屋」と呼ばれていた。
右側を7棟、左側を8棟と呼称していた。

濱江駅付近
第七三一部隊誕生の地。

第七三一部隊の細菌戦技術を受け継いだ米陸軍部隊
ワシントンＤＣから車で約２時間のところにあるメリーランド州米陸軍伝染病研究所（フォート・デトリック）司令官室建物。第二次世界大戦直前から1969年まで、生物・化学戦研究所として、ＢＣ兵器の開発研究が続けられた。

新版

続・悪魔の飽食

森村誠一

角川文庫
5476

目次

序章　海を渡った細菌戦部隊

――ファシズム（独裁政治）に対する絶えざる疑惑と警戒を

初めてこの実録を手にする若い読者のために七三一部隊をめぐる当時の状況について概説しておく。当時の中国はヨーロッパ諸強の侵略によって「虫食いだらけ」になっていた。日清日露戦役等を連戦連勝して軍事力と国際的位置を強化した日本は、欧米の侵略バスに便乗した形で中国へ押し出し、満州での優位を強めていた。そのため日本に満州を独占されることを喜ばない米英との対立を深め、太平洋戦争へとなだれ込んでいくことになる。

一九三一年（昭和六年）九月十八日奉天（瀋陽）近郊の柳条湖（柳条溝）で当時日本の経営下にあった南満州鉄道が爆破された。これは満州全域の占領を目指す日本軍の謀略であった。だが関東軍は中国軍の計画的行動としてこれを口実に満州全域に戦争を拡大した。これが満州事変である。

関東軍は一九三二年三月一日日本の傀儡国「満州国」をでっち上げた。満州国は関東軍が事実上つくり上げたものであった。この実績と実力がますます関東軍を増長させ、中央政府の意向すら無視して独断専行をうながすことになる。

七三一部隊の前身関東軍防疫給水班秘匿名「加茂部隊」がハルピン市内に産ぶ声をあげたのはその翌年の一九三三年である。七三一部隊の機構全容は第一部に詳述した。

七三一部隊の性格を把握するためには、まず同部隊が、当時「日本の生命線」として勝手に斬り取った他国の領土の一画を特殊軍事地域として囲って成立したことを知らなければならない。その本拠を定めた土地、およびマルタはすべて他国の領土および他国民によって賄われた。

『続・悪魔の飽食』は、一九四五年八月太平洋戦争の終結をもって一応の区切りをつけた「第一部」に引きつづき、終戦後の七三一部隊の足跡を追ったものであるが、内容をさらに確認し、その後判明した新事実を加えて、ここに改訂版発行の運びとなった。

なお、後半には終戦後石井部隊長以下、七三一部隊の幹部が米国の取調べに対して行なった供述に基づく報告書を全文に近い形で収載した。これは「トムプソン・レポート」と通称される米公文書であり、戦後米国防総省に保管されてきたものである。

このレポートにはGHQ取調官に対する七三一幹部の供述と両者の複雑なやり取りが余す所なく記録されており、戦後、七三一部隊の研究成果の全容およびそれが米軍に吸収されていった経過がよく伝えられている。これまで米国のどこかにあると信じられていた幻の供述書である。

本編執筆の動機も第一部と同様に日本軍国主義の犯した過誤を明らかにし、戦争のメカニズムを次代に伝え、同じ轍を踏むのを防ぐためである。


七三一隊員らのたどった軌跡は、そのまま三十七年前に日本民族全体がたどった狂気の軌跡でもあり、現在の危険でもある。

われわれは何のために軍備拡張に執拗に反対しているのか。

それは太平洋戦争の犠牲によってかち取られた平和を無にしたくないからであり、憲法第九条の歯止めを失った場合の、軍備の際限のないエスカレートを予見できるからである。ことは憲法九条を改定すれば足りるような単純な問題ではない。歴史上、侵略戦争のほとんどすべてが「祖国防衛」の名分のもとに進められた事実を忘れてはならない。

　また、軍備は常に第一級であらねば意味がない。日本が世界第一級の軍備を持った場合、力は法となり民主主義は悪夢の再現によって踏みつぶされてしまうだろう。

　憲法違反における軍備こそ、日本の軍備の特色である。憲法は、かつての関東軍が自ら法となって独断専行した軍隊の本質である侵略性を閉じこめる檻となるのである。

　今、なぜ七三一なのか。それはようやく戦争を知らざる世代が、壮年期以下に達しつつある現在、改めて戦争の正体と軍隊の本質を凝視することによって、平和と民主主義の脆さを再認識するためである。

　平和と民主主義は、宙に浮いたグライダーのように、維持するためになんの努力もはらわなければ、自然に下降する〝自動的下降性向〟をもっている。それに反して、ファシズムは放っておけば、上昇して勢いを得る。

　われわれは、現在の平和と民主主義を得るために無量の血を流した。それはファシズムに対する絶えざる疑惑と警戒によって、かろうじて維持されるものである。

　平和と民主主義を失うのはたやすく、再びそれを得るためには無数の犠牲を積み重ね、長い暗黒に耐えなければならない。

　七三一の軌跡を追うことによって、かつての日本民族がたどった暗黒の深さを知り、民主主義を維持するための、礎(いしずえ)の一石としたい。

『続・悪魔の飽食』は、一九四五年（昭和二十年）八月十日午前十時、ハルピン市南方二十キロ・平房(ピンファン)の第七三一部隊施設からスタートする。

第一章　日本帝国主義の崩壊と七三一の撤収

第七三一部隊石井四郎軍医中将専用の隊長車。防諜（ぼうちょう）のため後部ナンバープレートは、随時差しかえがきくようになっていた。隊長車の運転は部隊運輸班員の特別任務であった。

悪魔の後始末

この朝、七三一に隣接する部隊専用の飛行場の一隅から、国防色に塗られた一台のトラックがゆっくりと第七三一部隊本部建物正門に到着した。

トラックの荷台には三十代前半、長身の軍人と軍属が乗っていた。すでに連絡を受けていたのであろう、衛兵の敬礼に迎えられたトラックはそのまま1棟と呼ばれる総務部・診療部建物の玄関に停車した。

「大尉殿、どう処理しますか？」

「われわれ二人だけの作業だ。噴射器（ノズル）を使う時間的余裕はない。急がねばならん……屋上にボンベがあるはずだ」

二人は短い会話を交わしながら車を降り、速歩（はやあし）で玄関からロ号棟に入り、廊下左角の手動エレベーターに乗りこんだ。

エレベーターは屋上に通じている。二人は屋上へのドアを開け、すばやく周囲を見回した。片隅に大型のプロパン液化ガスボンベによく似た、鋼鉄製のボンベが転がっていた。

二人はボンベの近くに歩み寄り、目を上げてロ号棟が取り囲む中庭をみた。そこには窓に鉄格子の植えられた左右対称の二棟の建物があった。第七三一部隊特設監獄——通称マルタ小屋である。

「建物の容積はざっと目測でいくらだ。それを室数で割った商はいくつか？　青酸の有効濃度はいくらだ？」

青酸、という言葉が大尉の口を突いて出た。

一九四五年八月十日午前十時に、平房の地、第七三一部隊本部ロ号棟屋上に現われた二人の軍人と軍属と、彼らの口を突いて出た「青酸……」という言葉。それは七三一を舞台に、今から繰り広げられようとする凄惨(せいさん)な修羅場を予告するものであった。

一九四五年三月、北野政次軍医中将に代わって再び第七三一部隊長に帰任した石井四郎軍医中将が、部隊の秘匿名を七三一から二五二〇二と改称したことは第一部に書いた。

石井中将は帰任二か月後、七三一の幹部将校・軍属を集め「日ソ開戦は必至の情勢である……これより部隊の総力を挙げて、兵器の増産に突入する」という、〝増産訓示〟を行ない、全隊に大号令を掛けた。

石井部隊長のいう「兵器」とは、ペスト菌、コレラ菌、脾脱疽(ひだつそ)（炭疽(たんそ)）菌、赤痢菌、チフス菌などの病原菌と、細菌を媒介する昆虫（ノミ、シラミ、南京(ナンキン)虫）、さらに昆虫を繁殖させるための〝栄養源〟としてのネズミ（ラッテ・マウス）である。

ペスト菌は、保菌ネズミから吸血したノミの体内で生存繁殖し、後にノミが人に移行して刺すとき反吐して人に伝染する。石井軍医中将は、自然が生み出したこの伝播(でんぱ)性に注目し、細菌戦部隊を創設したのである。

第七三一部隊のロ号棟一階は、部隊第四部柄沢班等が管轄する大規模な細菌製造工場であった。培養室には巨大な蒸気釜と四台の培養器があった。他に完全滅菌のための高圧釜と冷却室、三十畳ぐらいの広さを持つガラス張りの無菌室、天井から消毒液を噴霧する七メートル四方の消毒室、総銅板張りの培養室がロ号棟一階の〝工場〟廊下周辺に配置されていた。

猛毒性の細菌は、寒天の上に「塗りつけられ」て培養室の適温・暗闇の中で繁殖する。細菌を塗りつける前に、寒天やペプトンは完全殺菌されなければならない。そのために高圧釜と冷却室があった。だが無菌状態になった寒天を取り扱う人間が〝有菌〟ならば、寒天はたちまち当該細菌以外の雑菌で汚染されてしまう。

柄沢班員たちは消毒室で全身を一定時間、消毒液の霧に包み、無菌となる。そののちに細菌製造作業にかかるのである。

部隊長自らの大号令である。柄沢班は増員され、三交代勤務、二十四時間体制で細菌製造が急がれ、その結果「ペスト菌だけで約二十キログラムの増産を見た」し、「貯蔵してあるものも含めると、乾燥ペスト菌を合わせ百キログラムの大量に達した」と元七三一隊員は証言している。

乾燥菌とは七三一が苦心の末〝開発〟した新兵器で、通常ペスト菌の約六十倍の毒性を持つ変性ペスト菌を凍結させ、乾燥状態のまま保存できるようにしたものである（第三部に詳述）。今様にいうならば、「インスタント・ペスト」である。

これならば、ガラス瓶などの軽量の容器に入れ、敵地深く持ち運びできる。使用するときに

石井四郎軍医中将の愛用していた防寒帽と水筒。終戦直後、隊長車付き運輸班員K氏の長年の労に対し、石井部隊長が記念にと与えたものである。

は、水と少量の培養液で戻せばよい。

こうして大量生産した細菌を村落や都市に住む人間の間にばら撒き、一大伝染病を流行させるためには、媒介虫であるノミやシラミ、さらにノミを繁殖させるためのネズミが大量に必要である。

つまり、ペスト菌を弾薬にたとえるなら、ノミやネズミは、それを発射する銃器というわけである。

第七三一部隊は百キログラムを超すペスト菌をはじめ、大量のチフス、コレラ、赤痢、脾脱疽など各細菌の貯蔵(ストック)を有して一九四五年の夏を迎えたのである。

七三一が貯えた細菌と何トンにもおよぶノミ、ネズミ類は、ひとたびこれがソ連の大都市に散布されるや、たちまちにしてヨーロッパ大陸に猛烈な伝染病を蔓延させ、純理論的には全人類を破滅にみちびいて余りある分量であった。——

石井四郎軍医中将が一九四五年五月、「日ソ開戦は必至の情勢……」と〝兵器〟増産を打ち上げたのには明確な根拠があった。

それは、崖際に追いつめられた日本帝国主義が見下ろしていた、崩壊の淵の深さである。

そしてソ満国境では不気味なソ連軍の蠢動があった。——

一九四五年二月四—十一日、クリミヤ半島ヤルタに集まった米・英・ソ三国首脳は、第二次世界大戦の完遂および戦後処理について秘密協定を結んだ。

その中、ソ連の対日参戦に関する秘密協定において外蒙古の現状維持、樺太千島の引渡しなどの参戦条件が約定された。

石井四郎軍医中将が、細菌兵器増産を呼号した一九四五年五月、ドイツは連合国への無条件降伏文書に署名した。ソ満国境に展開するソ連軍の動きはにわかに慌しくなり、ソ連の対日参戦は秒読みの段階に入っていた。

だが、活発化するソ連軍の動きを察知しながらも、「精鋭七十万」を誇る関東軍には武器が無かった。——

関東軍の精鋭主力は、急を告げる南方洋上に転戦し、主力の航空機、艦船、燃料、大砲弾薬、はては防寒具までが南太平洋上の島々、あるいは沖縄島に送られてしまっていた。日本軍最強と謳われた関東軍はすでにその実体を失い張子の虎となっていたのである。

「石井閣下が細菌戦以外に関東軍の勝ち目はないと怒号したとき……関東軍の保有航空機などわずかなもので、今日は新京（現在の長春）の飛行場にいた編隊を、明日は大連に移動させるといったやり方で……さも多くの飛行機を持ってるんだぞと見せかける苦心の演出が続いていた……だのに、細菌でソ連軍とたたかうという。これはだめだと思いましたよ」

第七三一部隊元航空班員の述懐である。

三つの陽動作戦

七三一が、部隊あげて細菌兵器増産に狂奔しつつあった六月から七月にかけて、「穴掘り騒動」「憲兵騒動」「特攻隊騒動」の、三つの不思議な「騒動」が持ち上がった。

まず、ロ号棟中庭において大がかりな穴掘り作業がはじまった。深さは一メートル弱。幅二メートル、長さ十メートル近い水を貯める濠のようなものが掘られはじめたのである。この穴掘り作業には、マルタ数十人が使役として動員された。

炎天下に黙々とスコップを振うマルタの獄衣は汗みどろとなった。

突然の穴掘り作業光景をみた下級隊員らは「いよいよ七三一もソ連を相手に徹底抗戦か……」と思った。

かねてより部隊上層部から「周囲敵に満つるとも七三一は平房において細菌を用いたゲリラ

戦を行なう」と聞かされていたからである。

だが、上級隊員の中には、掘られていく穴を一目みてピンとくる者もいた。

「上層部は、片方では細菌増産だ……やれネズミの増産だと掛け声をかけておきながら、もう一方では、早々と撤収の手筈を整えている……穴はマルタの死体を処理するものにちがいないという噂は、一部に広がっていた」

と元写真班員の一人は証言する。

そのうちに、七三一付の憲兵隊員の一人が、突然行方不明になるという事件が起きた。「終戦間近しとみて、戦争犯罪に問われるのを恐れ、逸速く脱走したんだ」という者やあるいは、「いや、ソ連を相手の徹底抗戦に備え、はるか敵地後方へ潜入したにちがいない」と推測する者がいた。

憲兵の失踪原因をめぐって、隊員の間に密やかな討論が交わされた。

一班六人編成の特殊任務を帯びた〝特攻隊〟募集が、隊内各部に呼びかけられたのは、マルタの穴掘りが進み、憲兵が失踪したのと時期を同じくしていた。

「直ちにハルピン市内におもむき、各種学校児童、市民の間に入り、大々的な捕鼠作戦を展開せよ。作戦中、道外等に立ち入る事を固く禁ず」

これが〝特攻隊〟に与えられた特殊任務の内容だったという。〝特攻隊〟員たちは拍子抜けを覚えた。作戦といっても、要するにネズミ捕りをするにすぎない。大の男が捕鼠器を両手にぶら下げ、各学校や地域を回り「軍ではネズミの毛皮で帽子を作るので是非ご協力を」と頭を下げるのである。

平房の地に日本軍の奇怪な部隊が在り、細菌戦をやっているらしい——という風評は、かなりのハルピン市民の間に流れていた。その部隊から、数十人の男たちがやって来て、大々的なネズミ捕りの協力を要請するのである。

「毛皮で帽子をつくるなど嘘だ……あれはネズミを細菌戦のために使うのだろう」

疑惑にみちた臆測は、ロシア人市民を中心にまたたく間に市街中に広がった。

だが、当の〝特攻隊〟員らは二重の拍子抜けを覚えていた。連日苦労して集めたハルピン市内各区からのネズミを、トラックに積み、七三一本部に送る。そのあとで「ネズミをどうしている？」と同僚に電話をかけると、「ああ、お前たちが集めているネズミか……あれは油をかけて片っぱしから燃やしているよ」という返事である。

「単に燃やすためだけに、われわれはネズミを集めているのか……われわれ特攻隊をハルピン市内に放ったのはなんのためだ？」

〝特攻隊〟員らは自己懐疑に陥った。

一方、〝特攻隊〟各班長らは「道外立入り禁止命令」をめぐって、実戦的な難問？に頭をかかえていた。

〝道外〟とは、ハルピン市街の〝風俗営業地域〟である。バーや飲み屋が集結し、いかがわしいショーが繰り広げられ、阿片窟や売春婦がたむろする一大歓楽地帯、それが道外であった。

だが、平房の七三一を出るとき、各班長は作戦資金と共に、妙な用具の〝官給〟を受けていた。妙な用具とは、大量の避妊具(コンドーム)である。それも一ダースや二ダースではない。一班あたり一週間に六、七ダース分が支給される。

作戦資金と併せ、こうしたものを支給することは、道外に部下を連れて出入りせよ、歓楽をつくせという示唆のようにも取れる。これまでの七三一では考えられない破格の優遇であった。

「ははあ……特攻隊とは、つまり敵スパイがうようよしている歓楽地帯に夜行潜入せよという意味か」

たちまち〝悟り〟を開いた班長が現われた。〝特攻隊員〟は宵の口から飲み屋に出入りし、朝鮮人女給や白系露人のダンサーを相手に歓楽をつくした。昼間は漁鼠(ネズミ取り)、夜は漁色である。

班長の〝悟り〟は正しかった。従来、身許を秘匿し、作戦行動を秘密裏に保つ第七三一部隊が、今回に限って人目につくように行動することこそ、〝特攻隊〟をハルピン市内に派遣した七三一上層部の狙(ねら)いだったのである。

捕鼠・漁色に明け暮れる隊員たちの行動は必ずソ連側に探知され、「関東軍は大々的な細菌戦を準備しているらしい」という情報の裏付けとして、ソ連国内に送られる……こうしてソ連国境に集結しつつあったソ連軍当局に警戒の念を起こさせ、対日参戦を一日でも遅らせると共に、示威による時間稼ぎを行なう……。

関東軍第七三一部隊上層部が大号令を掛けた細菌増産と〝特攻隊〟派遣は互いに連動し合った苦肉の陽動作戦であった。

「時間を稼ぎ、速やかに撤退準備を整える」――三つの騒動は、七三一全面撤退という一本の線に収斂されるものであった。

恐怖の性格

終戦直前の一九四五年夏。第七三一部隊を包みこんだ狂気じみた細菌兵器増産運動の裏側に、冷徹な部隊撤収作戦のにおいを嗅ぎ取っていたのは、第三部運輸班に所属する隊員たちであった。新たな読者のために七三一の組織構成を改めて概説しよう。

部隊長　石井中将（一九三六年―四二年、四五年三月―終戦まで。四二年―四五年の間は北野少将）
総務部　部長　中留中佐（途中で太田大佐と交代）
第一部　**細菌研究**　部長　菊地少将
第二部　**実戦研究**　〃　太田大佐（兼務）
第三部　**濾水器製造**　〃　江口中佐
第四部　**細菌製造**　〃　川島少将
教育部　**隊員教育**　〃　園田大佐（途中で西中佐と交代）
資材部　**実験用資材**　〃　大谷少将
診療部　**付属病院**　〃　永山大佐

第一部、二部、四部の下にそれぞれ次のようなプロジェクト・チーム（班）があった。

第一部所属

笠原班　ウイルス研究
田中班　昆虫研究
吉村班　凍傷研究
高橋班　ペスト研究
秋貞班　赤痢研究
太田班　脾脱疽研究
湊　班　コレラ研究
岡本班　病理研究
石川班　病理研究
（岡本班・石川班は姉妹班）
内海班　血清研究
田部班　チフス研究
二木班　結核研究
草味班　薬理研究
野口班　リケッチャ・ノミ研究
在田班　X線研究
有田班

門馬班　血液研究

第二部所属

八木沢班　植物研究

焼成班　爆弾製造

第四部所属

柄沢班　細菌製造

朝比奈班　発疹チフス及ワクチン製造

隊長直属

特別班　マルタ担当

プロジェクト・チームの性格を、第一部終了後に判明した新事実を加えて、説明しておこう。

高橋・秋貞・太田・湊・田部・二木の各班はマルタを使った生体実験により細菌戦のデータを集め、また猛毒の細菌を〝開発〟していた。笠原班と野口班は、中国東北部に蔓延している風土病（流行性出血熱など）を同様の方法で研究し、八木沢班は植物（穀物）を冒す伝染病（クロボ病など）や農薬のメカニズムを研究していた。

田中班の研究テーマは、どの種類のノミが最もペスト伝播に適しているか、その繁殖方法、散布方法などであった。吉村班は主として冬季における細菌戦や凍傷の有効な治療法確立をマルタを用いて実験し、岡本・石川両班はマルタの生体解剖や死体解剖、組織標本作成を担当していた。

内海班と草味班の研究目的は一風変わっていた。

内海班は、細菌戦の実行にあたって、味方の将兵が伝染病にかかったときの対症療法やワクチンの開発をもっぱらとしていた。草味班はあらゆる速効性、遅効性の毒物、化学薬品をマルタを相手に試し、敵要人暗殺用の特殊兵器を発明していた。

特別班は、七三一において二日に三体（本）のペースで殺されていくマルタたちの、補給・管理が任務であった。つまり、七三一特設監獄の看守たちである。

マルタの供給ルート

さて冒頭に述べた運輸班に戻ろう。運輸班本部は第三部にあった。第三部とは、ハルピン市内、拉賓（らひん）線浜江（ひんこう）駅付近の通称「南棟」と呼ばれた建物の中に配置されていた、濾水器製造を担当する七三一防疫給水部隊である。

第三部所属運輸班の任務は大別して三つあった。

まず、石井四郎軍医中将（七三一部隊長）の送迎である。

七三一本部（第一棟）二階の向かって右端に隊長室があったことは第一部に記述したが、石井部隊長の宿舎はハルピン市吉林街三十六号にあった。隊長宿舎から平房の七三一本部までは約二十キロの距離がある。運輸班員は毎日のように石井部隊長を乗せた隊長車を駆って、平房との間を往復した。

「隊長閣下の車は……三四年型シボレーと、三八年型フォードの二台があった。車両後尾のナンバープレートの鉄枠に細工が施してあり、それぞれ番号や型式のちがう十枚のプレートが差しこんであった……これはハルピン市内で目を光らせているソ連や中国のスパイから隊長車の存在を隠すためのものだった……市内に駐車するつど巧みにナンバープレートを差しかえ、今日は浜江省の車両のようにみせかけ、明日は吉林省の車両にみせかけるという工夫であった……ただし平房へ出勤するときは車両の前部に黄色の三角形の将官旗をなびかせ、猛スピードで、わずか十五分ぐらいの間に部隊本部入りしたものだ……」

元運輸班員の回想である。

運輸班の任務の第二は、消防車の運転である。運輸班の中枢は浜江駅付近南棟にあったが、同時に平房の七三一本部にも分遣班の形で運輸班の車庫があり、詰所があった。七三一本部建物の火災に備えて常時消防車が二台待機していた。消防車も国防色（当時の軍服の統一色で茶褐色に近い。カーキ色ともいう）に塗られていた。

運輸班の第三の任務は、マルタの受領・護送および特別班員・憲兵らの送迎であった。

「マルタは主として二つの護送ルートを通って七三一に送られた……一つはハルピン駅の端に憲兵隊分室があり、マルタを積んだ貨車（車両）がちょうど詰所の前で停車するように運転されていた。……駅の憲兵隊詰所に連行されたマルタはいずれも日本軍軍属服を着せられ、手錠を掛けられた手を服の下に隠していた。よほど気をつけて見ないと、マルタであることはわからなかったと思う……あと一つの護送ルートはハルピン市内の石塀に囲まれた洋風二階建て建物の地下室をたまり場とするものだった」

元運輸班員の証言は続く。

「クリーム色をした洋風二階建ての建物は、ハルピン駅と中央寺院のほぼ中間地点に所在していた……ハルピン神社のあった付近だ。この建物の正体は……ハルピン日本領事館だった。領事館地下室がマルタのたまり場だったのだ」

ハルピン日本領事館の地下室がマルタを七三一に送りこむためのたまり場であった。

マルタの供給については元関東憲兵隊司令部副官吉房憲兵中佐が――東北（満州）では「厳重処分」という名目で現地部隊の判断だけで中国人を勝手に殺すことが公然と許されていたが、抗日運動が激しくなったために一九三七年表面上これを禁止の止むなきに至った。その後中国人を細菌培養の生体材料として無制限に手に入れるために関東軍司令官植田謙吉、参謀長東条英機、軍医石井四郎、参謀山岡道武及び関東憲兵隊司令官田中静壱、警務部長梶栄次郎。部員松浦克己らの間で秘密裡に、この「厳重処分」にかかわる中国人民虐殺計画が進められていた。

――と、証言している。

吉房中佐はその手記において、

――一九三七年末、軍司令官は「特移扱規定」という秘密命令を出した。その「特移扱」というのは、憲兵隊及び偽満州国警察が、中国人民を不法に逮捕し、「重罪にあたる者」と決定したならば、裁判を行なわないで、憲兵隊から石井部隊に移送して、細菌実験の材料としてなぶり殺しにすることであった。

一九四一年八月、新たに、関東憲兵隊司令部第三課長として着任した吉房中佐は、大佐に進級するのに差しつかえては困ると、一生懸命「成績をあげる」ことを考えていたが、石井部隊見学を機に、「特移扱」を増加するにかぎると思いついたのである。そして、それに都合のよい「国境防諜」や、無線探査などを強化する命令を出して、各憲兵隊を督励(とくれい)したばかりでなく、賞金や賞状を出すなど、いろいろ方法をつくして特移扱を増加するよう要求した。

吉房が主任として出した命令にたいし、隷下(れいか)の憲兵隊長は、餌を求めていた豹(ひょう)のように食いついてきた。憲兵は血まなこになった。そして「功績」をあげて、「賞状」や「賞金」をもらい、「進級」し「栄転」した。――

そしてこの後、雞寧(けいねい)憲兵隊長堀口正雄、奉天憲兵隊特高課長小林喜一、牡丹江憲兵隊長平木武、佐木斯憲兵隊長橘武夫などの特移扱による進級の実例を紹介して、

――このように、特移扱をしようとする憲兵隊は、「丸太何本送る」とか「荷物何個送る」とかいう記号をもって、哈爾賓(ハルビン)憲兵隊に連絡した。

その記号に該当する数の愛国者は、哈爾賓駅で哈爾賓憲兵隊に引きつがれて、さらに哈爾賓特務機関に送られた。そこの留置所で、ふたたび瀕死(ひんし)の拷問を加えられたあげく、深夜特別の輸送自動車で、最後の地獄、石井部隊に送り込まれたのである。

こうして、憲兵が特移扱にした中国の愛国者は、一九四二年の一か年で、少なくも一五〇名以上に達し、そのほか特務機関と偽保安局から送る愛国者を加えて、一九三七年以来、約九年

のあいだに、石井部隊で虐殺された愛国者の数は少なくも四、〇〇〇名におよんでいる。――と書いている。（中国における日本戦犯の告白『侵略』〈新読書社〉より）

消毒して殺せ

運輸班員らが「七三一撤収近し」を明確に悟ったのは、マルタの護送任務を通してである。一九四五年八月一日午後のことである。運輸班員らはハルピン日本領事館地下室へマルタの受領・護送のため、車を走らせた。

マルタ護送車は「特別車」と呼ばれていた。米国製ダッジ三三年型八十五馬力の直列六気筒エンジンを搭載した、バス様の四トン車である。

「特別車」の車体は、セルロイドの窓が縫い取りされた国防色のシートに覆われていた。そのため、外見は普通の運輸車両に見えたが、これは偽装であった。シートを剝がせば、下から窓一つない鉄板で覆われた装甲車並みのバス車体が現われる。バスの座席部分は、四メートル×二メートル五十ほどの広さで、座席シートの代わりに畳と板が敷いてあった。

板敷きの下にはマフラーが縦に走り、冬季は車内暖房の役割を果たしたという。

「特別車は一度に四十人から五十人のマルタを〝積む〟ことができた……特別車最後尾のナンバープレートは隊長車と同様に差しかえ自由の仕掛けとなっており、敵ゲリラの襲撃・探知を予防した……特別車は二台あり、後に終戦の年、大連で改造したフォードが加わって三台となった」

第七三一部隊運動会光景。部隊は荒野の中にあり、部隊首脳は隊員の慰安娯楽・士気高揚のため、運動会、各種球技大会、演芸大会などを催した。

と元運輸班員は語る。

三三年型ダッジを走らせて日本領事館門内に到着すると間もなく、地下室から「四十本のマルタが現われた」（元運輸班員の証言）。全員が男性ロシア人であった。

彼らの頭髪は刈られて丸坊主であった。マルタは白い夏服を着ており、背中にラッカー塗料で番号が大書してあった。一人ひとりに足枷と手錠が掛けられていた。護送任務に当たる憲兵に急かされて特別車へ乗りこむ際、マルタの手足で鎖錠がぶつかり合い、冷たい金属音を発した。

日本領事館そのものは高い石塀で囲まれており、黙々と特別車に乗りこむマルタたちの姿は、外部の目から完全に遮断されていた。

「四十本の丸太」を積んだ特別車は三

十分後に平房の七三一本部建物に姿を現わした。衛兵所の横を通過し、右折して発電所の裏にある噴水（食用養魚池）の横から、ロ号棟の裏へ回る。のろのろと車体をゆすりながら、特別車はロ号棟の手前で停車した。

ロ号棟の壁面いっぱいに、八月の陽光が降り注いでいた。暑熱の立ちこめる静かな午後であった。

停車した特別車のドアを囲むように六人の七三一隊員が、マルタの降りてくるのを待ち受けていた。第七三一部隊診療部矢吹技手以下の軍属である。一人の隊員の手の中で注射器が光った。六人の隊員は、これからなにが起こるかを、熟知していた。

にわか通訳を買って出た隊員が、ぎこちないロシア語で、「これから予防注射を行なうので……一人ずつ下車するように」と、特別車のドアの外からマルタたちに告げた。

まず最初のロシア人青年が足枷をつなぐ鎖を手につかみながら、バスから降りてきた。彼の背後で特別車のドアが、ひとまず閉まった。

紅顔、長身の青年であった。鎖でつながれた手首を、隊員の一人が手早く消毒した。もう一人の隊員が注射器を構えて接近し、注射針を突き刺した。その瞬間、ロシア人マルタはどさりと横転し、一言のうめき声を立てることなく息絶えた。

注射器の中には青酸化合物の溶液が入っていた。――

「一人を片付けると隊員が二人がかりでマルタの足枷の間を持って、ずるずる地面の上を引っ張り、特別車の反対側に死体を隠す……この間、特別車のエンジンは掛けっぱなしで、車内のマルタに、外でなにが行なわれているかを悟られないようにした……『はい、次の番だよ、降りてきなさい』と叫んでドアを開く。降りてくると、手首を消毒する。一cc足らずの青酸化合物を注射する……物もいわず、どさりとひっくり返るやつを、またもや足枷の間をつかんで地面の上をずるずる……これが四十回繰り返された。特別車の陰はみるみる死体の山になった……予防注射だと騙しての続けざまの毒殺だった」

かたわらで一部始終を目撃していた運輸班員の回想である。彼らは毒物を注射するのに、わざわざ消毒していた。どうせ殺す人間を消毒するのが、いかにも七三一らしい。

「マルタを実験用に使うってことは私らも知っていた……しかし、八月一日の午後に見た光景は実験抜きの連続虐殺だった。むごたらしいことは数多く見てきた身だったが、さすがにこの時ばかりは息を呑(の)んだ……ああ戦争とはなんてひどいもんだ、覚悟を決める暇もなく、ウンともスンともいわずに殺されっちまうんだなあ、と空虚な無常感に襲われたものだった……」

運んできた四十人のマルタが全員息絶えた後、運輸班員らはすべてを了解した。

もはや七三一はマルタを実験材料に使う必要を失っていたのだ……新しく運ばれてきたマルタの〝実験抜き〟全員虐殺事件は、これまで七三一が〝消費〟してきた実験材料が、今や逆に七三一にとって、邪魔な存在になった事実を明瞭(めいりょう)に示していた。

七三一はマルタを必要としなくなった！

運輸班員らは連続虐殺の現場を通して、「戦争は間もなく日本の敗北で終わる……七三一はほどなく撤収作業に入る」ことを悟ったのである。

地獄への道標

「丸太」の護送任務は、単にハルピン駅→平房間、あるいはハルピン日本領事館地下室（マルタのたまり場）→平房間のピストン輸送に限られてはいなかった。七三一運輸班員らの最大の苦労は、安達（アンダー）特設実験場への「丸太」長距離輸送にあった。

安達は、現在、大慶油田のあるところで、第二次大戦中は関東軍の占領下に、広大な飛行場と、これに隣接して第七三一部隊特設実験場が置かれてあった。七三一の本部・平房から北西に荒野の道を約二百六十キロ走破した地点である。

安達に至る「丸太」護送には地上ルートもあった。護送といえば聞こえがいいが、要するに人格を持たない実験材料の輸送である。地上輸送には、特別車が使用された。

「平房からマルタを積んでハルピン市内を抜け、チチハルの方向へ荒野の道を延々十時間走ると……囲いもなにもない、雑草を刈り取りテントを並べただけの広々とした荒地へ出る。それが安達特設実験場だった」

「一回の輸送でマルタ三十本から四十本を運んだものだ……特別車の運転台とマルタを積んだ荷台の間には覗（のぞ）き窓があり、武装した憲兵、特別班員らが時折り、油断のない目で、運転台から、マルタの様子をうかがう……マルタは全員手錠を掛けられていた。輸送中の逃亡防止のため、砲丸投げに使っているような鉄製のおもりが、足枷につけられることもあった……足枷は大きな鉄鋲（てつびょう）でとめられており、つけられたら外すことはできなかった」

元運輸班員の証言である。

運輸班員らの最大の悩みは、安達までの走行中、道を見失ってしまう危険であった。当時は未舗装の道路が、荒野の中を坦々と走っているだけであった。道路標識らしきものはほとんどない。

特に、積雪が道路を隠す冬場は、特別車の位置の見当はもちろん、方向感覚すらわからなくなる。下手をすると、「丸太」ともども雪の荒野で迷い子となり、全員凍死の憂き目に遭いかねない。

そのため第七三一部隊では、運輸班員らに過マンガン酸カリウムの入った小瓶を持たせた。過マンガン酸カリウムは、漂白・殺菌剤にも用いられるマンガン化合物で、その溶液は俗に「カメレオン」とも呼ばれる。

過マンガン酸カリウムの水溶液は、アルカリ性では緑色、酸性では鮮やかな赤紫色をみせる。これが有機物に触れると無色になり、色がつぎつぎに変わるところから「カメレオン」の名が出た。

「丸太」を雪上輸送中、運輸班員らは時折り、車を停めて雪の上に「カメレオン」を撒いた。こうしておけば、復路の目印にもなり、万が一道を見失ったときも、赤紫色をたどって逆戻りすればよい。

運輸班員の手元を中心に小瓶が一回転すると、純白の雪道に紅色の輪が広がった。それは運輸班員や憲兵にとって復路の安全を保障する目印であったが、凄惨な実験のみが待つ「丸太」

にとっては、そのまま冥土への一里塚であった。

「平房を出るときはイキの良いマルタも、安達からの帰りはほとんど仏になっちゃっているわな……仏でなきゃ瀕死の重体だよ。重体のマルタが平房に帰りゃ、即刻生体解剖が待っている……だから、安達へ送られたが最後、生きてはいられない運命だった」

と元運輸班員は言う。

「丸太」の大脱走

事件のあらましは次のようなものである。――

「終戦前年の二月か三月だったと思うが、正確な月日はわからない」（元運輸班員の回想）

その日、安達特設実験場では、ペスト弾を使っての感染実験が行なわれていた。平房から陸路輸送してきた四十本の「丸太」たちは、全員防寒帽、防寒服、防寒靴を着用したまま、約三十メートルおきに十字架状の杭にロープで縛りつけられていた。

十字架状の杭を立てるのは簡単であった。実験場に降り積もった雪を掘り、十字に交差した杭を立て、根元に水を掛けるのである。冬季は昼間でも零下二十五度を超す寒さの安達で、水は瞬時に凍結し、人間の重量ぐらいではびくともしない、頑丈な基礎を持った十字架が完成する。

実験場の一角には吹き流しがあり、絶えず、風向を示していた。約二十人の第七三一隊員らが、十字架上の「丸太」を、風上三キロの地点から遠巻きにし、双眼鏡で観察していた。風上に身を置かなければ、隊員自らも細菌で汚染されかねないからである。

実験開始直前、「丸太」全員に鉄帽と鉄板でつくられたプロテクターが着けられた。発射されるペスト弾が、直接「丸太」の胸や頭を貫通せず、しかも「丸太」を確実にペストに感染させるための〝工夫〟である。

ペスト弾とは、七三一の開発した一種の散弾で、細身の鉄筋丸棒をねじりながら一センチ大に切断し、表面にペスト菌を塗りつけたものである。ねじれがあるため弾丸表面に凸凹が生じ、菌をたっぷり付着させることができる。

こうした散弾を一まわり大きな砲弾の中に詰め、強力火薬で爆発させると、四方八方にペスト弾が飛散し、人間に命中する。

米軍がベトナム戦争に用いた「ボール爆弾」に似ている。これに通常ペスト菌の六十倍の猛毒を持つ変性菌が塗りつけられていた。

火薬を仕掛けられたペスト弾は、十字架に縛りつけられた「丸太」の列の中央で、刻々と爆発の瞬間を待っていた。

その時、異変が発生した。――

突然、中国人「丸太」の一人が大声を上げながら、十字架から離れて走り出した。手足を拘束していたロープを苦心の末に外したものらしい。その「丸太」は、すぐ近くの十字架に走り寄り、仲間の「丸太」に取りつき、手足のいましめを解いた。

自由を得た二人の「丸太」は、前後左右に走り、それぞれ至近距離の十字架にとびつき、ロープを解く。二人から四人、四人から八人へ……幾何級数的に自由を回復するや、あっという間に、鉄帽とプロテクターを脱ぎ捨て、蜘蛛の子を散らすように逃げ出した。

隊員らは、はじめのうち、双眼鏡のフレームいっぱいにとびこんできた光景の意味が、よくわからなかった。あっけにとられているうちに、自由を得た「丸太」の数がみるみる増えていくのを目の当たりにし、事の重大さを悟った。実験場で発生した前代未聞の「丸太」脱走である。

細菌汚染を警戒した余り、「丸太」と七三一隊員たちの間には三キロの距離があった。

「大変だ！　つかまえろ……」

愕然として走り出してみたものの、実験中のこととて、丸腰である。

狼狽してテントの方に武器を取りに行こうとする者、「逃がすな。逃がすと大問題になる」とただ当惑している者、意味もなく「丸太」の方に両手を上げて「止まれ」と声を張り上げる者――二十人の隊員たちはパニック状態に陥った。

混乱のさなかに、機敏な物腰で走り出した男がいた。七三一付憲兵のSであった。Sはまっしぐらに「丸太」輸送用の特別車を目指した。Sは車のドアに手を掛け、

「運輸班は居るかっ！」

と大喝した。

疾走してくるS憲兵の姿をみて、大喝を聞くよりも早く、当の運輸班員は彼の意図を了解していた。

S憲兵が助手席に乗りこむのと、運輸班員がイグニッション・スイッチを入れるのはほとんど同時であった。S憲兵を乗せた特別車はうなりを上げて「丸太」の群れを追った。

「マルタは全員がちりぢりばらばらとなって、雪の中を実験場の外側に向かって走り出していた……あとで振り返ってみて胸を打たれたのだが、マルタはけっして一人だけで自由になろうとはしなかった……一人がいましめを解かれると必ず縛られている仲間のところへ駆け寄り、四十人全員のロープを解いた後に脱走しはじめたのだ……しかし車が走り出した当座はそんなことを考える余裕もなかった。一刻も早くマルタの足を止めなくちゃいけないと、力いっぱいアクセルを踏んだ」

人間蹂躪用処刑車

元運輸班員の回想は続く。

「実験場の周囲には、別に柵のようなものがあったわけじゃない……けれども一木一草もない銀世界が十キロ以上広がっている。マルタがどんなに早く走っても、特別車のスピードに敵うもんじゃなかった……はじめのうち、追いついてなんとかつかまえようとしたが、車に追いつかれると、中には刃向かってくるのがいた……これじゃ逮捕は無理だと判断した」

おそろしい光景が現出した。雪を蹴立て、口を大きく開き、あえぎながら走り逃れようとする「丸太」たちの後方から、特別車が猛スピードで突進した。

「ええい、つぶしちまえ！　一本残らずつぶしちまえ！」

S憲兵が助手席で絶叫した。逃亡を防ぐため、「丸太」全員を轢き殺せというのである。車の前方で右に左に逃げ走る「丸太」めがけ、猛スピードで特別車の前輪が襲いかかった。

車のバンパーに衝撃が走り、雪煙とともにボンネットの上に黒い物体がはね上がった。続いて、また一つ、今度はタイヤの下で枯木が折れるような鈍い音が発し、雪の上に人影が倒れて後方へ去った。

「よしこれで三本だ……行け！　この調子でどんどんつぶしちまえ！」

S憲兵の絶叫が続く中を、ダッジ三三年型八十五馬力のエンジンが、怒り猛った爆音を発した。運輸班員は左に大きくハンドルを切り、約二十メートル先を走る「丸太」の一群を追った。轟音の中でほんの束の間の自由を得た「丸太」たちの、肺腑をしぼるような悲鳴が上がった。

——

「マルタの中には、走り続けることができず、雪の中に坐りこんだまま胸を押え、息を切らして動けぬ者もいた……そんなのは無視し、走っているマルタから順に轢き殺し、はねとばしていった……四十本のマルタには、ただの一人も逃げのびた者はなく、つぶされるか、あるいは生きたまま荷台に連れ戻された。特別車のバンパーやタイヤにはマルタの血や頭髪、衣服の一部がこびりつき、ガソリンの匂いに混じって血なまぐさい殺伐とした空気が特別車の中にこもっていた……目も当てられぬ惨状ってのは、こういうことなのかと思った」

元運輸班員の回想である。

憲兵を乗せた特別車が実験場を猛スピードで一周した後に、雪を血で染め、「丸太」の轢死体が点々と転がっていた。

中には腹部を轢かれ内臓をはみ出し、虫の息の「丸太」もいた。下半身を轢きつぶされ、上半身だけでもがいている「丸太」もいた。憲兵と運輸班員は、そんな「丸太」の両足をつかみ、つぎつぎと特別車の中に放りこんだ。――

「もしも一人のマルタでも逃がすと、七三一で行なわれている秘密実験がたちまち明るみに出てしまう……それどころか、七三一の施設や兵力についての情報も中国軍、ソ連軍に筒抜けとなる……全員つぶせと判断したS憲兵の処置は、七三一としては時宜を得たものであり、適正かつ当然のものであった。……マルタというのは人間でもなんでもない、すでに死刑囚として刑の執行を待つばかりの存在であるという、七三一の隊内教育が、直ちに全員轢殺せよという発想を生んだのだ」

と元隊員の一人は語る。

これが死刑であるとすれば、公判も判決の言い渡しもない暗黒の執行である。まばゆい銀世界の中央で、「丸太」の視野には絶望の暗黒しか映っていなかったのである。

また、次のような証言もある。

「マルタ全員が死刑囚というのは明らかに嘘だ……七三一に送りこまれたマルタの中には、別に何の悪事もはたらいていない平凡な市民が数多くいた……これは春日さんという通訳が私に話してくれたことだが、マルタの中には『私は、読書が好きで、文章を書くことが得意でした。いろいろな雑誌に書いたものを発表したり投稿したりしているうち、突然日本憲兵に捕えられ、ここに連れてこられた』と述べる文学青年もいた……ハルピン特務機関や憲兵隊は『こいつは反日分子だ』とにらんだソ連人や中国人を片っぱしから七三一に放りこんだ。これは消せない事実である……」(元運輸班員)

安達特設実験場の雪を朱に染めて終わった「丸太」脱走事件の直後、第七三一部隊首脳部は、実験中の隊員に厳重警戒命令を徹底し、武装兵の増員配置をしたという。

死へのナンバリング

マルタを「丸太」と表現するようになったのは、実は戦後のことである。七三一では、終戦直前まで、捕虜はカタカナでマルタと表記されていた。

「丸太」は木材であるが、「マルタ」は人格・氏名を喪失した人間材料である。七三一の中では性別により「♀マルタ」「♂マルタ」と実験用紙に記入され、マルタごとに番号が付けられていた。

第一部完成後、一部のマスコミから「三千人以上のマルタが犠牲になったと書いているが、三千人の具体的根拠はなにか」「単に語呂(ごろ)がよいので三千人としたのではないか」などの問い合わせを受けた。

七三一で虐殺された「丸太」の数を「三千人以上」と書いたのは、語呂合わせではない。

これは第一部に書かれていないが、第七三一部隊本館二階に、「在田(ありた)班」というプロジェクト・チームがあった。

在田衛生中尉を頭とする在田班のスタッフは三名で、主としてX線照射に関する実験を担当していた。

在田班は写真班と直結し、七三一に到着する「丸太」のレントゲン撮影と、X線を使った数多くの人体実験を実施した。

在田班には在田中尉以外には専門のレントゲン技師がいなかったため、心得のある写真班員が実験のつど在田班に〝出向〟を命じられ、実務に当たっていた。

七三一に到着した「丸太」は、特設監獄に収監された直後、まず在田班によってX線撮影された。レントゲン室は特設監獄「7棟」の二階奥に位置していた。

「7棟のレントゲン室には、島津製作所製のレントゲン撮影装置が二基あった。マルタは男女とも全裸にされ、在田班員がマルタの裸の胸に墨（すみ）で洋数字の番号を書く……番号は三桁（けた）の百から発（スタート）し四桁の千五百で一サイクルが終了した」

レントゲン撮影に従事していた元隊員の証言である。

「丸太」にX線をかける目的は、主として胸部疾患の発見である。各種細菌を用いた生体実験を行なう際、胸部疾患者と健康者では、死亡データに微妙な差異が出る。

さらに結核菌を用いた二木班の実験では、〝純品〟の生体こそが望ましい。「丸太」がかなり重体の結核患者ならば、凍傷実験か毒ガス実験しか使い途（みち）がない。X線撮影は、実験材料の選別のためにも必要であった。

だがそれだけではない。X線撮影のもう一つの目的は、「丸太」への番号打ち（ナンバリング）であった。

百からはじまった「丸太」のX線撮影ナンバーは、そのまま「丸太」の管理ナンバーでもあった。ナンバーが四桁の千五百に達すると、そこで管理番号はストップし、再び百に戻る。「四桁の千五百で一サイクルが終了した」という元隊員の証言は恐ろしい意味を含んでいる。

元隊員は続けていう。

「私の記憶では、昭和十七年五月の時点でマルタの番号はまだ七百台だった……それが千の大台を越したのは十八年の終わりだったと記憶している。十九年に入るとすぐに千五百に達し、振り出しに戻って百台から再スタートした」

「このころからマルタの新陳代謝がはげしくなり、十九年の終わりには早くも千台を突破し、二十年の春には千四百台を数えていた。だから……私の知るかぎり管理ナンバーは二サイクル回った（二千八百）勘定となり、三千人というのはけっしてオーバーな数字ではない。いい線だと思う」

「丸太」の中には、「X線撮影抜きでいきなり実験場に運ばれたり、七三一に到着した直後に虐殺された者も多い。七三一部隊が創設されたのが一九三三年（昭和八年）であるところからみても「三千人以上……」という数字には信憑性がある。

悪魔のカメラアイ

X線撮影と同時に、写真班員による裸体全身の撮影が行なわれた。特に女「丸太」の場合には、写真班員の舐めるようなカメラアイが、彼女たちの五体を隅々まで検索した。

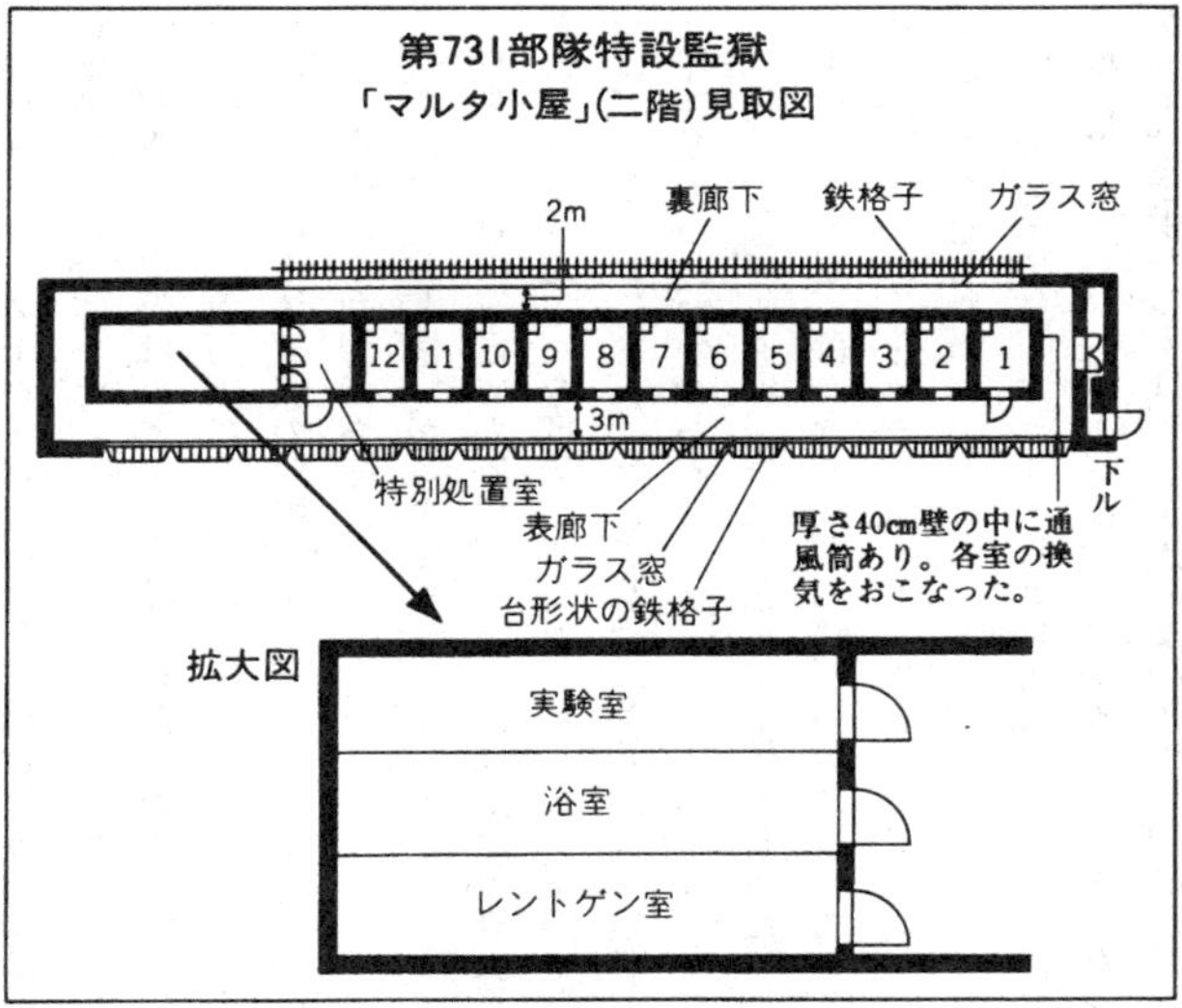

第731部隊特設監獄
「マルタ小屋」(二階)見取図

写真班は調査課に所属し、八名の班員によって構成されていた。うち、管理職の班長と、事務係、見習員を除くと、実際のカメラマン数は五名であった。このうち常時一名が、在田班へ〝出向〟していた。

写真班には、各種の実験記録用に当時最新鋭の機材が数多く配備されていた。

まず16ミリ撮影機である。当時は8ミリがなく記録映画はすべて16ミリの時代だったが、七三一にはアメリカ製の「シネ・コダックスペシャル」や和製「アロー」を含む十台の撮影機があった。

35ミリカメラではライカが三台、コンテッサ・カメラが二台。ブローニー判ではローライ・コードが三台。

二眼レフではミノルタフレックスなど日本製カメラが五台。他の機種も入れると常時二十台近い機種がそろっていた。

「写真班の自慢はライカ。当時一台が七百円もする世界最高級のカメラだった。今の物価でいえば一台が二百万円に相当する高級機だ……もっとも、それを首からぶら下げていく先は、むごたらしい生体実験の現場だから、あまり気持ちのいい被写体ではなかったがね」

元写真班員の回想である。

「今日は〝お客様〟がみえるぞ」

写真班員らは三日にあげず、こうした通知を調査課長から受け取った。お客様、とは新たに搬入される「丸太」を意味していた。ハルピン市内からの特別車が、七三一の衛門をくぐるまでは、「丸太」はお客様と呼ばれた。衛兵詰所を通過した瞬間から、お客様は一転して「丸太」と呼び換えられたのである。

「到着したマルタは、ほとんどが二十代の若者だった。マルタはまず7棟に収容された。裸に剝いてみると、はっきり拷問の跡が身体に残っている者や栄養失調であばら骨が浮き出ている者が多かった……ロシア人マルタは背広やジャンパー姿が多く、栄養も良く一見して民間人であると直感した」

「私の記憶では、女マルタは8棟ではなく7棟一階に収容されていた。昭和十九年の時点で、7棟には女マルタ三本と子供マルタ一本がいた……女マルタの内訳はロシア人が二本、中国人が一本。子供マルタはロシア人の女の子で、四歳か五歳ぐらいだったと思う。女マルタたちはそれぞれ生体解剖と毒ガス実験で処分されたと承知している……」

16ミリ撮影機とライカを持った写真班員の出動先は主として四か所であった。

第一に安達実験場。第二に特設監獄、「7棟」レントゲン室、および特別処置室。第三にロ号棟と地下道で連絡されていた「解剖室」。第四に、今回初めて明るみに出た「チャンバー実験場」である。

安達特設実験場と「7棟」特別処置室および「解剖室」についてはすでに紹介した。写真班第四の出動先、「チャンバー実験場」について述べよう。

チャンバー（Chamber）とは小さな室を意味し、英語で「Chamber of Horrors」は文字どおり、"恐怖と戦慄（せんりつ）の部屋"のことである。

写真班員たちは出動先でファインダーを通して生体実験を目撃し、フィルムにそれを記録した。

「丸太」を対象にした特別処置室での実験は時間がかかるものが多かった。生体実験完了までの間、写真班員は手持ち無沙汰（ぶさた）であった。

そこで中国語を話せる写真班員は、レントゲン室から小さな椅子を持ち出し、7棟二階独房の裏廊下で待機しながら、ひまつぶしに特別班員の目を盗んで「丸太」と簡単な問答を交わした。

食事差し入れ用の独房下方小窓に顔を近づけ、「お前はどこからきたのだ？」などと問い掛ける。「丸太」によっては、やはり床に顔を近づけ、内側から積極的に応答する者もいた。

歴史上最悪の日本人

太平洋戦争開戦の翌年だったというから、一九四二年（昭和十七年）のことである。「7棟」に、がっちりした体格の中国人「丸太」がいた。

写真班員がなにげなく話し掛けると「私は八路軍（はちろぐん）の将校だ」と返事があった。写真班員は緊張した。八路軍といえば、中国共産党の指導する中国の解放を目的とする軍隊で、日本軍の最も手ごわい相手として知られていた。

「日本軍は強いだろう」

写真班員の小声の問いに独房の中から意外な答えがあった。

「今は勢いがいい……しかし後二年で日本軍は総くずれとなり、敗北する」

声は小さいが、しっかりした話し声だった。「丸太」は続けて言った。

「なぜ日本軍は敗れるか……日本は悪い戦争をしているからだ。悪い戦争は日本の敵を増やし味方を少なくする。日本人の中でも田中義一は歴史上一番悪い人物だ」

田中義一は山口県出身の軍人政治家で、一九二七年（昭和二年）に政友会を率いて、首相となり、対中国強硬政策を進め、二八―九年中国革命に干渉する山東出兵を強行した。また国内においては治安維持法の最高刑を死刑に引き上げる勅令の公布、三・一五の共産党大弾圧などの反動政策を実施した。

田中義一を〝歴史上のワーストワン（一番悪い人物）〟と決めつけた「丸太」に、写真班員はやや色をなして詰問した。

「それでは、お前のみるところ日本人ではだれが良い人間かね」

再び独房の中から、しっかりした声が返ってきた。

「今、イエパンという日本の革命家が中国の奥地・延安（えんあん）にきている。また日本の監獄にトーデン（徳田）という人物がとらわれている……二人ともすぐれた日本人だ」

イエパンにトーデン？　写真班員にはいずれも聞いたことのない日本人名だった。写真班員はふふんと鼻先で冷笑しながら聞き流し、問答はそれっきりとなった。

当の元写真班員は言う。

「ところが、戦後日本へ復員し、しばらくしてからある日、新聞をみると『野坂参三氏帰国す』と大見出しで報道されている……記事を読みすすむうちに、ハッと気がついた。これだ、この人だ……あの時にマルタが言っていた野坂（イエパン）という人物は……そしてトーデンというのは、共産党の徳田球一のことなのか！　と。マルタが予見した戦争の行方とその結果に、私は感嘆を抑えられなかった」

あの八路軍幹部がもしも生きていれば、必ず現代中国を背負う人材になっていただろう。――

――七三一で殺された八路軍幹部の名を「本人から直接この耳で聞いたのだが……どうしても思い出せない」。元写真班員は索莫（さくばく）とした表情になった。

毒ガスの出前

ここで場面をいよいよ一九四五年八月十日の平房に戻さなければならない。第七三一部隊が撤収の姿勢に入ったこの日、部隊ロ号棟屋上に姿を現わした二人の男たちの行動を、克明に追うことにしよう。

「リューベ（立方米（メートル））はどれほどになる」

大尉は、同行した軍属に声をかけた。

「小屋一室の面積が二間×一間半見当とみてまちがいないようでありますが」

「だから……一室のリューベはいくらになるか」

「室の天井までの高さは二メートルくらいですか」

「そのようだな。目見当でいい」

「二間が約三メートル六十、一間半で約二メートル七十、高さが二メートルとします。……$3.60\times2.70\times2=19.440\text{m}^3$……ざっと十九・五リューベ見当と思われます」

軍属は口の中で数字を唱えながら、瞬時に暗算をした。

「一室の容積が十九・五立方米見当か……」

大尉は低くつぶやくと、ちらりと軍属の顔を見た。軍属は敏感に大尉の意向を悟ったようである。彼は大尉にうながされるまでもなく、謎（なぞ）のような言葉を吐いた。

「大尉殿……『茶』の比重は〇・七二でありますから……$19.5\div0.72\fallingdotseq27$……一室当たり二十七ccもあれば」

陸軍習志野学校は、毒ガス戦の研究および実戦要員を訓練育成するための教育機関であった。

大尉は軍属の再度の暗算にうなずいたが、視線は一瞬宙をまさぐった。

「確実を期してその倍量を打ちこもう…………そうだな、比重計算で一室当たり四十グラムも打ちこめば完璧だろう」

「はっ、用意にかかります」

軍属は返事と同時に、携帯してきた軍用袋の口をあけ、透明に光るガラス容器をいくつも取り出した。

容器は三角フラスコであった。中・高校生が理科、化学の授業で実験用に使うのと同様の小型フラスコである。

軍属が手際よく並べる三角フラスコは、真夏の陽光を分解するプリズムとなって、何重もの淡い色帯の小さな輪をロ号棟屋上の床に投げかけた。

二人の男は、ここで携帯してきたもう一つの袋から白衣を取り出した。第七三一部隊が生体実験や細菌製造の際に使用する白衣である。手早く白衣を着たあと、男たちは長いゴム手袋をはめた。肘のあたりまですっぽり包む、手術用白色のゴム手袋である。軍属が袋の中を探って異形の物体を取り出した。

国防色の防毒マスクだった。

「『茶』は経皮（皮膚からの）浸透が早いぞ。ほんの少し浸みこんでもおだぶつだから……気をつけろ」

「一応、天秤で計量してみますか」

「フラスコは百ccだろう……だから半分入れりゃ大丈夫だと思うが……仕損じると事だから一応計ってみるか」

白衣、長手袋を着用し、防毒マスクを装着した二人の男たちは屋上に転がっていた鋼鉄製ボンベを引き起こし逆さにした。互いに手を貸し合って、ボンベの栓をひねる。前傾姿勢のまま、ボンベをゆっくりフラスコの上に傾ける。緩慢かつ慎重な動作であった。

空気が逃げていく連続音とともに、コックから透明な液体がフラスコの底に流れこんだ。ボンベから流れ出るときは、無色透明に見えるが、フラスコの中で容量を増していくにしたがい、液体はうっすらとした茶褐色を呈しはじめた。ごく薄い麦茶を、さらに何倍もの水で希釈したような色合いである。

先刻から男たちの会話に何度か登場してきた「茶」とはこの液体を指しているにちがいない。一瓶の三角フラスコに「茶」が半分ほど満ちたとき、コックが閉められた。フラスコの口に

茨城県大田西山荘で実習教育を受ける習志野学校メンバー。陸軍第六技術研究所で開発した毒ガスの使用方法が実習訓練の内容となった。

手早くゴム栓がはめられた。軍属はあらかじめ取り出してあった小さな薬剤天秤の上にフラスコを乗せた。天秤はゆっくりと上下し、目盛が「茶」の重量を示した。四十グラムを少し上回っていた。

「………」

防毒マスクをつけたまま、軍属が手ぶりでOKサインをした。大尉がうなずく。男たちは並べてある十個ほどの三角フラスコの上に、つぎつぎと「茶」を移し、ゴム栓をかけていった。

「………」

作業を進めながら、大尉がくぐもった声でなにか言った。防毒マスクにさえぎられてその声は軍属に届かなかったが、もしマスクをしていなければ、次のように聞こえただろう。

「(青酸液化ガスの沸点は約二十六度C

だから）ガス化する危険があるぞ……面をつけているからといって油断するな」

「茶」の正体は青酸ガスだったのである。——

フラスコに「茶」を移し終えたあと、男たちの行動は敏速であった。

三角フラスコを入れた袋を小脇にかかえ、防毒マスク着用のまま、男たちは屋上エレベーターからロ号棟一階まで降りた。中廊下を少し行くと、特別班員が挙手敬礼して二人の男を迎えた。

二重、三重の鉄格子扉をくぐって二人は7棟特設監獄の階段を登り、二階入口に到着した。特別班員が先導しようとするのを、二人の男が手で制止した。これから先は危険だから、建物を離れるようにという指示である。

7棟二階表廊下（四五ページ図参照）に現われた二人の男は、長靴を戞然と鳴らして最初の独房に歩み寄った。

元七三一特別班関係者はいう。

「もしマルタたちが、白衣の肩に袋を下げて歩み寄ってくる男たちの防毒マスク姿を見たならばすべてを悟っただろう……またマルタたちがあらかじめ二人の男の正体を知っていたなら、それだけで絶望に打ちのめされたにちがいない。……なぜなら、二人の男は七三一の隊員ではなかったからだ。……彼らは関東軍第五一六部隊から派遣されてきた」

関東軍第五一六部隊！　満州に〝恐怖の名声〟をとどろかせた毒ガス部隊である。正式名称を関東軍化学部第五一六部隊という。二人の男たちは五一六部隊の技術将校と軍属であった…

…。

日本陸軍は陸軍大臣の直轄する陸軍技術本部、昭和十九年から兵器行政本部に所属する第一から第九までの技術研究所を擁していた。その中「六研」、第六技術研究所は東京・淀橋にあり、化学兵器および化学戦に関する調査研究、主として毒ガスの研究を担当していた。中将、あるいは少将の所長の下に所員約七百名、四科に分れ、第一科ガス検知と毒物の合成、第二科防護、第三科治療、第四科化学剤の研究に当たっていた。

これは余談になるが、戦後、日本に上陸・進駐した米軍は、数多くのＣＩＣ要員を率いていた。諜報・情報収集の専門部隊である。戦後、千葉県に逼塞し姿を隠していた石井四郎を、粘り強い内偵の末に発見、逮捕したのもＣＩＣ要員である。

日本上陸とともに、ＣＩＣと米第八軍（エイトアーミー）が血眼で探し回った旧日本軍メンバーがいる。陸軍技研の将校たちがそれである。中でも九研—陸軍第九技術研究所のメンバーに対し、ＣＩＣは異常な関心を持った。陸軍第九技術研究所は神奈川県登戸にあり、長野県松川村、同中沢村、兵庫県小川村に分室を有して戦時中は第七三一部隊と提携して殺人光線、特殊薬品、謀略用器材、対植物剤（枯葉剤のようなもの）の研究を行なっていた。

特殊薬品の中には、後の帝銀事件で使用されたとみられる青酸化合物—アセトンシアンヒドリンや、偽紙幣印刷のために開発した特殊インクなどがあったと伝えられる。

さて、化学兵器を研究していた陸軍第六技術研究所とは指揮系統を別にして、陸軍教育総監の下に千葉県習志野(ならしの)学校という機関があった。各連隊にはガス係将校が一―二名配属されていた。連隊の毒ガス戦に対する防護策、防毒面、防毒衣の装着教育、除毒等を担当する専門技術将校である。これらの将校を全国および海外駐屯地から呼び集めて六か月―一年にわたり、ガスの防護、攻撃方法の教育養成を行なったのが習志野学校である。

また六研の研究成果を満州のチチハルに本拠を置く五一六部隊が野外において拡大実験、時に実用した。したがって六研、習志野学校、五一六部隊は相互に緊密なる連係があり、人員が絶えず交流していた。

恐怖の兄弟部隊五一六

毒ガスの五一六部隊員がなぜ細菌戦研究の七三一部隊に現われるのか。これには秘められた経緯がある。

一九四一年(昭和十六年)十二月八日にはじまった真珠湾(しんじゅわん)攻撃を端緒に日本軍はマレー、フィリピン、ボルネオ、ジャワ、南部ビルマの各方面を一挙に版図におさめ〝皇軍無敵〟を誇った。

しかし一九四二年六月のミッドウェー敗戦を転機に戦勢が不利となった日本軍はガダルカナル島攻防戦での敗北と同島撤退のあたりから制海、制空権を失い、中部ソロモン群島は、「蛙(かえる)跳(と)び作戦」を図る米・濠(ごう)軍と、これを阻止しようとする日本軍の熾烈(しれつ)な戦場となった。

こうした状況下で日本軍将兵のラバウル要塞における〝一酸化炭素中毒死事件〟が発生した。ラバウルとは、西太平洋ビスマーク諸島、ニューブリテン島（パプアニューギニア領）北東突端に位置する要衝の地である。

日本軍はラバウルに堅固な要塞を築き、付近を航行する米軍艦船、航空機と砲火を交えた。だが、ベトンで固めた半地下式の永久要塞から大砲や機関銃を連射すると、要塞内部に一酸化炭素が発生、充満した。

一酸化炭素は無色無味の気体であるが、空気容量中に四万分の一ぐらい含まれていても頭痛を発するなど人体に影響する。血液中のヘモグロビンに一酸化炭素が結合し、酸素を体内に運ばない状態―酸欠状態を惹き起こすからである。

ラバウル要塞では、将兵の一酸化炭素中毒が頻繁に発生しはじめた。一酸化炭素は軽いので、大気中に浮遊しており、察知したときには濃度が蓄積され、人間の脳細胞に作用し、意識不明、即死者を出す。

時の大本営（のちに最高戦争指導会議と改称）は、ラバウル要塞の中毒事故を重視した。一酸化炭素中毒のメカニズム解明と対策を練るため、共同研究すべしとの命令を、五一六、七三一両部隊に発した。この結果、常時五―六人の第五一六部隊員が、七三一へ密かに派遣されることになったのである。五一六隊員が初めて平房に到着したのは、昭和十八年六月一日だったと伝えられている。同年は九月一日まで、また十九年には六月一日から九月一日まで、昭和二十年は六月一日から終戦まで三回派遣された。

七三一に到着した毒ガス隊員たちの素性は、厳重に秘匿された。彼らは七三一の高等官宿舎を与えられ、七三一隊員のように振舞った。七三一の一部幹部を除き、ほとんどの隊員が、今に至るまでこの事実を知らない。

五一六、七三一両部隊による共同研究は、昭和十八年には一酸化炭素およびイペリットの人体に及ぼす影響、昭和十九年はイペリットの若干の実験、および茶一号（青酸）、二十年も青酸の人体実験に対して行なわれた。

当時窒素イペリットガスという残留効果の高い毒ガスも発明され、この実験も数回行なわれた。

さらに野球ボール大のガラスボールに青酸を詰めた「戦車攻撃用茶弾」の研究も進められていた。戦車の砲塔などにこれを火焔びんの要領で投げつけて内部の搭乗員を殺そうという原始的な兵器であった。

「昭和十八年秋、ノモンハンにおいて非常に大規模な青酸実験が行なわれた。これは二十五師団長が直轄し、風下にサル、ウマ、トリ、ウサギ等の試験動物を配し、灯油用タンクに似たタンクに圧縮した青酸を約一キロにわたり噴射した。このときは人間はいなかった。

当時陸軍は青酸を兵器として重要視していた」

しかしながら青酸の兵器としての致命的欠陥は揮発性が高く、沸点が二十五・六五度のため、夏期は気化しやすく、経皮吸収も早く取扱いが危険であることである。また空気に比べて〇・七ぐらいの比重のために地表から〝蒸発〟してしまう。

「そのため、日の出日の入り等の地上からの垂直温度が〝上温下冷〟に逆転している時間帯を狙って実験をしなければならなかった。結局兵器としては不完全であり、使用されなかった。五一六部隊には大量の未使用茶弾が貯蔵されていたが、終戦撤退時に嫩江の河原で焼却したり、ボンベに詰めていた青酸やイペリットは嫩江に捨ててきた。あのボンベが腐って公害の原因にならないか心配である」

元五一六隊員は証言して案じた。

――「丸太」小屋表廊下に姿を現わした二人の毒ガス部隊員は、最初の独房の前で立ち止まり、〝覗き窓〟から独房内部をうかがった。狭い部屋に四人の男「丸太」が押しこめられていた。

夏場のことで上半身裸体に近い「丸太」もいた。彼らは独房床の上にすわり、密談を交わしている気配であった。

二名の五一六隊員は、開閉自由の〝覗き窓〟からその様子を見てとるや、袋の中から青酸液化ガスの入った三角フラスコを手早く取り出し、独房の中へ投げ入れた。三角フラスコの割れる音と同時に「ガスだ！　逃げろ」と叫ぶ「丸太」たちの大声で、独房内は騒然となった。

五一六隊員たちは、長靴を鳴らしながら、独房から独房へ駆け廻り〝覗き窓〟を開き、つぎつぎと三角フラスコを投げ入れた。

床の上で破砕したフラスコから、猛烈な勢いで、気化した青酸ガスが独房内に広がり、立ちこめた。

7棟全体は阿鼻叫喚の生き地獄と化した。

口から泡を吹き、苦悶もあらわに息絶える「丸太」、少しでもガスを避けようと床の上に顔をこすりつける「丸太」、同僚の死体の下にもぐりこもうとする「丸太」、断末魔の苦悶の中で、手錠をつなぐ鎖で力いっぱい〝覗き窓〟を乱打しながらついに力つき、ずるずるとしゃがみこむように絶命する「丸太」。——

「三角フラスコを投げこむ作業は、約十五分で完了した。マルタを処分することが、七三一撤収準備の第一手順だと聞かされていた。フラスコは全部で九個ぐらい投げこんだと記憶している……だれもいない空室の独房もあったようだ……独房によっては三、四人ずつ折り重なって絶命したが、中にはすぐに死にきれず、苦悶のうめき声を立て、内側からドアをいつまでもたたき続けている者もいた。……ロ号棟屋上に転がっていた『茶』ガスボンベは、終戦直前に発生したマルタの暴動鎮圧に使われた残余のものだった……」

「第一部に換気装置を利用した毒ガス注入装置があったという記述があるが、なぜそれを使わずに我々に危険を冒させて三角フラスコの中に青酸を入れて配らせたのかわからない。毒ガス注入装置はなかったのだとおもう。またなぜ銃を使わなかったのかという疑問も残る。

私が推理するに、七三一ではマルタを処分すべくあらゆる手段を尽した後〝仕上げ〟を五一六に依頼してきたのではないか。銃を使うにしても房の覗き穴は小さく死角が多い。毒物を食物に混入して差し入れても食べないマルタがいる。自殺もしない。このようにして生き残ったマルタの後始末を我々に押しつけてきたのではないかとおもう。

我々が七三一に到着したのは、八月十日午前十時ごろだったが、すでに独房内やガラス張りの雑居房には縊死した捕虜の死体がたくさんあった。縊死死体は女性が多かった。7棟8棟の全室に三角フラスコを配った記憶はない。どちらか片一方の棟だったとおもうが、なぜ片棟だけだったのかわからない。我々が七三一を引き揚げるときはたくさんの死体を穴に埋める作業が進んでいた。以上のことから我々が到着前にマルタの処分作業はかなり進行していたと推理できる」

元五一六隊員は回想した。

死の箱

第七三一部隊の数多い悪業の中でも酸鼻を極めた生体実験は、第五一六部隊と共同して行なった毒ガス実験である。

平房の七三一本部施設から北西約四キロの窪地に、アンペラ（注）と一部煉瓦塀が囲繞する一角があった。周囲は見渡すかぎりの荒野である。アンペラと煉瓦塀の小さな囲いは、遠くからみればありふれた倉庫としか見えなかった。

だが、この窪地こそがワルプルギスの宴（悪魔の宴会）ともいうべき毒ガス実験場だったのである。

当時日本陸軍は数種類の毒ガスと毒ガス弾を保有していた。

黄一号　イペリット
黄二号　ルイサイト
茶　青酸
青　ホスゲンオキシム
赤　ジフェニールシアンアルシン

イペリットは糜爛性の毒ガスである。おでん等につける西洋芥子（マスタード）に似た臭気を発し、人間の皮膚に付着すると火傷のような水泡・潰瘍を起こす。露出した手足、顔面、首筋はいうに及ばず衣服を浸透し、全身を侵襲して人体をじわじわと溶解する。

ルイサイトは速効性の糜爛ガスで、人間の視神経や皮膚を冒し、肺やのどを侵襲して呼吸困難を引き起こし、見るもむざんな死をもたらす。

青酸ガスはビター・アーモンド（苦扁桃）のような甘酸っぱい匂いを発し、吸入すると直ちに血液中のヘモグロビンと結合して、人体を酸欠状態に陥れる。中毒性ガスでナチス・ドイツがアウシュビッツで多用した。

ホスゲンオキシムとジフェニールシアンアルシン（塩化砒素）は、いずれも刺激性のガスで、前者は人を窒息死させ、後者は催涙性を持つ。赤は比較的毒性が少なかったので、毒ガスの演習によく使われた。

「五一六における毒ガス防護実験は、毒ガスに対してどのくらい『保つか』という点に主眼

毒ガス実験室略図

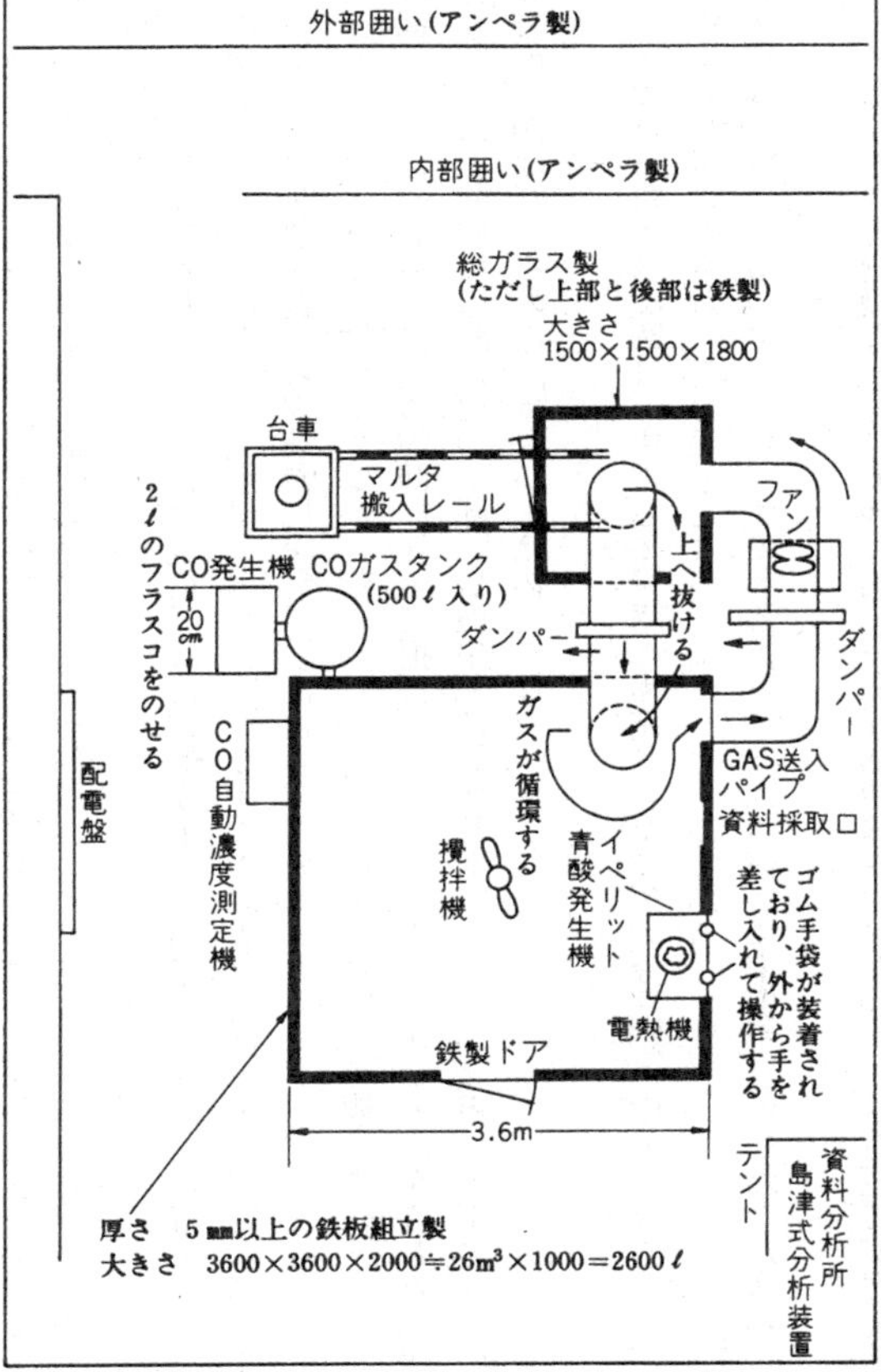
外部囲い(アンペラ製)
内部囲い(アンペラ製)
総ガラス製
(ただし上部と後部は鉄製)
大きさ
1500×1500×1800
台車
マルタ
搬入レール
ファン
上へ抜ける
2ℓのフラスコをのせる
CO発生機
COガスタンク
(500ℓ入り)
20cm
ダンパー
ダンパー
ガスが循環する
GAS送入パイプ
資料採取口
配電盤
CO自動濃度測定機
攪拌機
青酸発生機
イペリット
ゴム手袋が装着されており、外から手を差し入れて操作する
電熱機
鉄製ドア
3.6m
テント
資料分析所
島津式分析装置
厚さ　5㎜以上の鉄板組立製
大きさ　3600×3600×2000≒26m³×1000＝2600ℓ

がおかれた。防毒マスクを着けない場合、また着けた場合、またマスクの中の活性炭素や酸化剤の量を変えた場合、これにガスの種類や濃度をさまざまに変えて、人間がどのくらい『保つ』かという実験である。この実験に多数のマルタが使用された。三年間に百人以上ではないかとおもう」

「これらの実験に参加した人員はまず現役、次に、幹候上がりの予備役だった。五一六は当時の日本軍としては民主的な雰囲気が濃かった。隊員の中に大阪大学を出たS・Yという技術中尉がいた。彼はN部隊長から実験参加命令が出たとき、自分はカトリック信者であり、そのような非人道的な実験には従事できないと断わった。いかに民主的雰囲気の濃い部隊とはいえ、天皇の軍隊で上官の命令を自己の信仰に従って拒否したS中尉は立派だが、それを許した部隊長もえらかった。終戦撤退時に振った部隊長の采配は見事なもので、私が無事に帰国できたのもあの方のおかげだ。その部隊長もいまは物故された」

七三一における毒ガス実験は、主として夏季に実施された。広大な荒野の中で行なうため、冬場は極寒の大気に晒(さら)され、野外実験どころではなかったのである。

毒ガス実験に供される「丸太」は、すでに各種実験で人体機能に損傷をきたした者が多かった。

「五一六部隊と最も密接な関係にあった七三一関係部門は吉村班だった。吉村班で凍傷実験に使用されたマルタが回されてきたからだ。吉村班から来るマルタはまことに悲惨なもので手足の先が腐り落ちてアザラシのようになったマルタ、栄養失調で全身骨と皮になり、太股が手首ぐらいの太さしかないマルタなどで、凍傷実験に使用後、どうにも使い道のないマルタを回してきたのではないかとおもう」

五一六元隊員は苦渋に充ちた口調で証言した。マルタを余す所なく利用し尽す凄惨な〝廃物利用〟であり、五一六は七三一の下請け的位置にあったわけである。

テープに証言を吹き込んで送ってきた元五一六隊員は「戦争は狂人の為せる業であり、二度と繰り返してはならない。そのためにおもいだしたくない過去を掘り出し、戦争を知らない次の世代に伝えるのだ」と結んだ。

毒ガス実験には、チャンバーと呼ばれる特殊な組立式小室が使用された。

チャンバーは大小二個がワンセットになっていた。大のほうは厚さ五ミリの鉄板で囲った一辺が三メートル六十の直方体のガス発生室である。ガス発生機と直結し、必要に応じたガス濃度を得るための大気調節室といえよう。

小チャンバーは上部天井と後部を除き総ガラス張りになっていた。一辺が一メートル五十ほどのガラス室である。

大チャンバーにはイペリット、青酸ガス、一酸化炭素発生機が取り付けられていた。天井には大型の扇風機（気体攪拌(かくはん)機）があり、スイッチ一触で毒ガスを小チャンバーへ送り込む働きをした。

大チャンバーの天井と床から、それぞれ直径五十センチほどのパイプが枝出して、小チャンバーと連結していた。大小二つの室は二本のパイプで結ばれていたのである。パイプは、一定のガス濃度を保った空気を相互に循環させるためのものであった。

小チャンバーは、特殊防弾ガラスで覆われていた。小室を透明にしたのは、外部からの観察、写真班による記録を可能にするためである。

総ガラス張りの小室には片開きのドアがあり、ドアを開くと床に短いレールが敷設されてあった。「丸太」搬入用のレールである。

「特別車から降ろされたマルタは、一人ずつ、台車に移された。台車の大きさはトロッコの半分ぐらいで……台上に柱が立っていた。マルタはその柱に縛りつけられて地面に敷かれたレールの上を移動する仕組みになっていた」

「ガラス張りの小室は電話ボックスを少し大きくしたほどの広さだったろうか……マルタを固定した台車をごろごろと押し、小室のドアを開くと、台車を運んできたレールがそのまま小室内のレールと接続するようになっていた……台車を室内に押し込んでドアを閉めると、実験準備が完了した」

毒ガス実験に立ち会った元七三一隊員の回想である。

このチャンバーは終戦時解体され、ガラスや骨組は埋め、モーターと鉄製部分のみチチハルまで持って来たそうである。

注・アンペラ＝中国に多く自生するカヤツリグサ科の草本で高さ百五十センチにもなり、刈り取って茎を打ち平たくし、ござやむしろ、建築材料などに使う。高粱の茎を開いて編んだものという説もある。

三十七年目の通夜

元七三一、元五一六隊員らの一致した証言によれば、ガラス張りの小室には、実験のつど小鳥やモルモット、犬、鶏などが「丸太」とともに放り込まれた。

使用毒ガスの種類と濃度によって、「丸太」たちの服装が改えられた。

チャンバーに送り込むにあたり、時に応じて「丸太」に防毒マスクを装着し、軍装をさせることもあれば、裸にすることもあった。

小型温室のようなチャンバーを六、七人の人間が取り囲んだ。彼らは七三一吉村班員、写真班員、五一六技術将校らである。時には遠く孟家屯から出張してきた第一〇〇部隊の将校もいた。

台車上の柱に縛りつけられる段階で「丸太」たちはすべてを察知し、中には猛烈に暴れ出す者もいた。警備の特別班員らが、棍棒で「丸太」を力まかせに殴打し、抵抗を抑圧し台車をチャンバーに押し込んだ。暴れ出すのは朝鮮人「丸太」が多かった。一回のガス実験で一人、一日平均四、五人の「丸太」を〝消費〟したという。

総ガラス張りチャンバーの中で身をよじり逃れ出ようとする「丸太」を横目でみながら、五一六隊員が大チャンバーのスイッチを入れた。四キロ彼方の七三一本部から太いワイヤーが引かれており、毒ガス実験の電源はここから取っていた。大チャンバーを振動させ、扇風機が回りはじめる。と同時に、大チャンバーの中にしつらえられた熱源の上で、ビーカーが熱せられ、茶褐色の青酸溶液から、ゆっくりと青酸ガスが立ちのぼった。

「チャンバーをつなぐ太いパイプの間には、鉄板製の遮断板（ダンパー）が差し込まれていた……ファンを回し、ダンパーを抜くとはじめて、発生したガスがマルタの入っている小室へ流れこむ仕掛けとなっている……風圧のためダンパーの抜き差しには大きな力が要った。兵二人が、命令一下、それっとばかりに鉄板を引きぬくのだ……大チャンバーには島津製作所製のガス濃度計が取りつけられてあり、マルタの死とガス濃度の相関数値が測定できるようになっていた」

元五一六隊員の証言である。

ダンパーが抜かれると同時に、総ガラス張りチャンバーの外で、ストップウォッチを片手にした七三一隊員らがガラスに額を近づけて「丸太」の一部始終を観察し、16ミリ撮影機が回った。

パイプから送り込まれる青酸ガスを吸い込むまいとして、台車上の「丸太」は動物的なうなり声を上げ、発狂したように身体をゆすった。次の瞬間、目をカッと見開いた「丸太」の口から白い泡が吹き出て四肢が硬直したかと思うと、がっくりと頭を前へ折り、「丸太」は絶命した。——

「青酸ガスで死んだマルタの顔は例外なく鮮紅色を呈していた……イペリットガスで死んだのは全身水泡を発し、焼けただれて正視できぬほどのむごたらしい死体となった……われわれの実験では、マルタの強度は大体ハトと同じだった。ハトが死ぬときにマルタも死んだ……一日の実験は午前、午後を通して行ない、七三一では通算五十回以上やられた」

元隊員らが鮮明に記憶しているいくつかの光景がある。ある日、青酸ガス実験場に、黄色い将官旗を立てた七三一隊長車がやってきた。車の中から降り立ったのは石井四郎軍医中将であった。居合わせた隊員らの敬礼に応えながら、石井四郎は実験開始をうながした。

部隊長自ら立ち会う実験視察とあって、その日のガス実験はとりわけ気合いが入った。他の実験を終えて〝払い下げられた〟「丸太」だけではなく、わざわざ独房から健康な中国人、つまり純品の「丸太」が「取り寄せ」られた。

ごうごうと音響を発してファンが回り、ダンパーが引き抜かれた。時間の経過と共に噴き出してくる青酸ガスの中で「丸太」は手首にロープを食い込ませながら苦悶した揚句、死んだ。

チャンバーから引き出された死体を前に、石井四郎部隊長は「下半身を出してみろ」と命じた。軍属の一人が硬直した「丸太」のズボンを脱がし、下着を剝いだ。「丸太」の局部から大腿部にかけて白く吹いたような液体がぬめぬめと光った。

「これはなんだかわかるか……おい、これは精液だぞ。茶（青酸ガス）を吸った者は皆これを出す……」

と石井四郎中将は言った。

終戦の年、七月のことである。実験場に到着した特別車から降ろされた「丸太」をみて、さしもの七三一隊員も一瞬、息を吞んだ。「丸太」はロシア人母子だった。――

「母親は小柄で金髪の三十歳ぐらいの女だった。子どもは三歳か四歳の女の子だったよ……

二人とも白っぽいスカートをはいていた。『どうするんだ、これ』とたずねると『部隊は撤収しなくちゃならないので一思いに処分してくれ』という……台車に母子を乗せて、手錠やロープなしでチャンバーに押し込んだ。母親は観念している様子だった」

元隊員のとぎれがちな証言は続く。

「いよいよガスが注入されるという間際に、母親の足元にうずくまっていた女の子が、ふしぎそうに顔を上げ、ガラスの内側から周囲を見回してねえ……あどけない目を向けたそのちっちゃな栗色の頭を……母親がそっと両手で押えるんだよ。女の子は素直に母親の身体に頭をすり寄せて、静かになった……そこへガスが噴き出してきたのだ」

ガラス張りの小さな箱の中で、母親は力いっぱいわが子の頭を床に押しつけ、充満してくるガスから少しでも子どもを庇おうと、懸命に努力を払った。

母親は小柄な身体をできるだけ広げてわが子を庇おうとしたが、間断なく噴出する青酸ガスの魔の触手が、まず女の子を捉え、続いて母親の息の根を止めた。

哀れな母子は折り重なるようにして息絶えた。母親の掌は最後まで娘の頭の上にあったという。

「ひどい話だが、この時のおれの仕事は……ストップウォッチで母子絶命の時間を計ることだった……子どもの頭に置かれた母親のやわらかな掌……三十七年経った今でも、あの光景は瞼にこびりついて離れない……」

情景を回想しながら、七十四歳になる元七三一隊員の一人は、ひざの上で拳を握りしめていた。語り終わると同時に、彼の両頰に雫が伝わった。三十七年目にして流す涙は、もはやあのロシア人母子にけっして届くことはない。

生体ミイラ

「実録を読んでいると、あまりのむごたらしさに、人間というものに絶望を覚えます。いかに鬼の関東軍第七三一部隊とはいえ、中に数人ぐらいは身体を張って……上官の命令に反抗する軍属や将兵がいたはずです。残虐場面の連続では、読者の神経が参ってしまいます……」宮城県の主婦Y・Mさん（三十三歳）からの投書である。二十代、三十代の読者にこの種の投書が多い。

だが、本書は好んで残虐を強調しているわけではない。あくまで主観を排し戦史の空白を埋めるための事実を直視した実録の結果である。前項毒ガス実験にしても、第一部の段階ではまったく不明のままであった。元七三一隊員らが、「どんなことがあってもこれだけは秘匿せねばならない」と口を閉ざしていたためである。

しかし、元第五一六部隊関係者の〝勇気ある通報〟によって一端が明るみに出、人から人を介しての粘り強い取材の末、恐怖の事実が浮上してきた。

「ガス実験は七三一の近代科学技術の粋を凝らしたものだった……チャンバーの中で、マルタは約五分から七分で絶命した。一方では、たっぷりと時間をかけ、人間をじわじわとなぶり殺しにする原始的実験が数多く行なわれていた……飢餓実験、水断ち実験、乾燥実験、感電実験、熱湯実験……火攻め水攻めの生体実験が日常茶飯事として行なわれていたのだ」

元上級隊員の証言である。

「二日に三本」のペースで〝消費〟されていった「丸太」の実態は、筆者の想像力をはるかに超えている。

日本人による他民族加害の実録執筆は重い作業である。

七三一での生体実験は、日本人自らが三十七年前に行なった事実である。内容がどのように残酷非道であろうが、われわれは、知識人（医学者・研究者）を先頭にして実行された残虐実験の事実から目をそむけるわけにはいかない。――

飢餓実験とは文字どおり「丸太」に食べ物を与えず、人間が水だけで何日間生きていられるかを記録する実験である。水断ち実験は、飢餓実験と対を成す。まさに残酷のペア・ワークともいうべきもので、「丸太」にパンだけを供し、一滴の水も与えずに、生存の限界を探求する。

「飢餓・水断ち実験は、ハルピン市内浜江駅付近にあった南棟地下のマルタ置場で実施された……担当は江口中佐を長とする江口班であった。水だけ与えた場合、マルタは平均六十日から七十日を生きた……だが、パンだけを与えた場合には実験五日目でマルタの顔がむくみ、苦悶の表情になった。実験七日目でマルタは例外なく口から血を吐いて死んだ」

と関係者は言う。

乾燥実験は、生きた「丸太」を椅子に縛りつけたまま高温の乾燥室に入れる。乾燥した熱風に曝されて「丸太」の全身から汗が吹き出す。が、吹き出した汗は流れ落ちる間もなく熱風の

七三一隊員らは、たがいに自分の任務を他言せず、問わず、の関係であったが、宿舎の“向こう三軒両隣り”ではこうした新年宴会も開かれていた。

下でたちまち乾く。時間きざみに「丸太」の身体は水分を絞り取られ、十五時間近く経過すると「丸太」の身体からもはや滲出すべき水分が失われる。サウナ地獄である。

「ついには、マルタの身体はからからに乾いたミイラになってしまう……これを計量器にかけると、生前体重の二十二パーセントほどの軽さとなる。……実験によって、人体の七十八パーセントが水分であると確認された」（元七三一隊員の証言）

感電実験は電気椅子に「丸太」を固定し、徐々に電流を強める。電気ショックによって「マルタが椅子ごと引っくりかえる」光景は珍しくなかった。小規模の落雷実験では、「マルタの身体は一瞬にして黒焦げになった」。

熱湯実験では、裸形の「丸太」に熱湯を変量しつつ掛け「火傷の部位、程度と火傷を被った場合の人体の生存条件」が試された。

七三一に配属された医師、科学者、研究者らは、「丸太」を用いる生体実験について、あまたのバリエーション（応用・組み合わせ）を企画した。七三一には「企画課」が置かれてあり、企画課員らは各班から提出される実験メニューを調整した。

凍傷実験で五体に損傷をきたした「丸太」には毒ガス実験が組み合わされた。ペスト菌を注射し、発熱した「丸太」を対象に、緊急の搾血実験が行なわれた。

ペスト菌を用いた細菌戦の場合、友軍兵士は罹患してはならない。ペスト予防のためのワクチンの完成は七三一の至上研究課題であった。高熱にうなされるペスト「丸太」の血を、生きたまま搾るのは、大量の血清を採取するためであった。

七三一における「丸太」の扱いは、あたかも一匹の魚の、鱗を肥料にし、身を吸い物と焼き物にし、残りで煮汁を取るに似ていた。この意味で、「丸太」に廃物や残渣はなかった。

最後の選択

青酸ガスを投げ込まれ、7棟二階の「丸太」たちが絶命した後、なにが起きたのか。ソ連軍が怒濤のように国境を越えて進入してきた一九四五年八月九日から十日にかけての平房に戻ろう。

「私がソ連参戦を知ったのは八月十日午後六時だった……ラジオが関東軍軍歌を流した後、臨時ニュースを放送した……『今朝四時、ソ連軍は満州に侵入せり。我軍は直ちに迎撃、目下激戦中なり』という。くるべきものがきた、と思った」

とは対敵情報収集に従事していた元七三一調査課員の回想である。

ソ連参戦の数日前、佐藤駐ソ大使から日本本国政府に向けて、ソ連政府が「満州全土からの日本軍の全面撤退」を申し入れてきた旨の公電が発せられていた。一方、ソ連軍侵攻の「Xデー」を関東軍首脳は八月中旬と予想していた。「くるべきものがきた」という前記元七三一隊員の感想はこのあたりの事情を裏書きしている。

関東軍首脳は、もはや蛻(もぬけ)の殻に等しい関東軍全装備の中から四苦八苦の工面をし、ありったけの対戦車砲をかき集め、最精鋭の部隊を編成、牡丹江(ぼたんこう)に配置していた。

ソ連軍の最新鋭機甲化師団が牡丹江の防御線を突破すれば、ハルピンまでは指呼(しこ)の間(かん)である。なんとしても七三一の秘密を守り、証拠を隠蔽(いんぺい)する必要がある。そのために、牡丹江で四十八時間以上の「時間稼ぎ」をしなければならない。関東軍首脳の苦しい判断はここにあった。

のちにソ連国防相となったマリノフスキーは、ソ連軍の三方面に分かれた満州侵攻作戦の中で、「牡丹江における日本軍の抵抗」が熾烈であったことを回顧している。ソ連軍侵攻のニュースに、満州全土がパニックと化した中で、七三一も撤収に慌てふためいていた。

7棟二階で「丸太」たちが青酸ガスによって絶命した後、第七三一部隊特別班員らは8棟の「丸太」を一箇所に集結させ、7棟二階からおろした死にたてほやほやの「丸太」の死体を見せた。

「生き残っているマルタの中には、女性もあり、最後まで通訳をつとめたロシア人マルタもいた……彼は七三一の中でも日本語の達者な古参マルタとして延命していた。こうしたマルタたちに7棟二階の殺戮現場を見せた真意は『お前たちはこんな死にざまをしたくはないだろう、だから自分で命を絶て』と決意を促すためだった」

と元隊員は証言する。生き残ったマルタを房に集め、日曹ピクリン酸（日本曹達製爆薬）を投げ込んで「とどめを刺した」という証言もある。

「丸太」にはただの一人も生き残る権利を許されていなかった。毒ガスか、自殺か。これは七三一隊員らが「丸太」に示した二者択一のわずかに見せた〝人情〟らしきものであった。いや、むしろ悪魔の情けというべきか。

「毒ガスで絶命したマルタの死体の山を見せた後、われわれは集まったマルタに、細いロープと棍棒を渡した……二人一組で向き合い、輪の中に首を入れ、その間に棍棒を差し入れ、一方のマルタは棒の上端をつかみ、他方のマルタは棒の下端をつかみ、同一方向に棒を回転させながら、輪をねじれと言い渡した……」

棒の回転とともにロープの輪が締まる。向かい合った「丸太」はやがて胸板が合わさり、ついには首筋にロープが食い込み、絶命する仕組みである。

ガス死体の山を見せられ、「丸太」たちは観念した。同じ死ぬのなら同僚と「刺しちがえて」死ぬほうがまだましと言えなくもない。

向かい合った「丸太」たちは、ロープの輪の中に互いの首を入れ、互いの目を覗き込みながら死出の旅への悲痛な二人三脚を踏み出した。

七三一隊員の監視のもと、「丸太」たちはいっせいに棒を回しはじめた。みるみるロープの輪が締まり、相互に絞首を実行する凄惨な光景が現出した。

「マルタたちが手抜きをしないよう、モーゼル拳銃に手を掛けた七三一隊員らが、かたわらで目を光らせていた……マルタに逃れるすべはなかったのだ」

「ロープがぎりぎりと締まり、目の玉がとび出しそうになってもマルタたちは棒を回す手を休めるわけにはいかなかった……気絶した一方のマルタが手をゆるめても、一方のマルタが締めつけるので、結果は首を絞め合うことになった……片方だけが助かる可能性はなかった」

二人で力を合わせて棒を回すと、瞬間的に強烈な力がロープに加わる。これこそ「最も簡単な大量自殺方法だった」と元隊員らは言う。

女「丸太」には一人で首を吊るように〝勧誘〟が為された。ドアの把手にロープを懸け、彼女たちは身体をかがませて足を縮め、自らの息の根を止めた。

死の河

「丸太」の処分が急がれているのと相前後し、七三一施設の各所に重油がまかれ、火が放たれ、十数か所から巨大な炎と黒煙が上がった。

高等官宿舎の西方には、地下に何百本ものドラム缶が燃料格納庫代わりに埋設してあった。

十数名の七三一隊員がドラム缶を覆った土を除き、導火線を用い、一気に燃料を炎上させた。

資材倉庫群の中には、ロ号棟と同じ形状をした巨大なロの字形の建物があった。その一階には、当時関東軍の、どの部隊も保有していなかったほど多数の新品トラックが〝秘蔵〟されていた。すべてフォード社製のトラックであり、大規模な細菌戦実行に備えた貯蔵品（ストック）であった。

「その数は八十台……いやもっとあっただろうか。重油とガソリンをぶっかけ、爆薬を仕掛けるときは、さすがに『もったいないなあ』と嘆息したものだ」

と元隊員の一人は述懐する。

撤収作業中、七三一が困ったのは「丸太」の死体焼却である。ロ号棟中庭に「丸太」たち自身の手によって巨大な〝墓穴〟が掘られたことはすでに述べた。ガス死体、絞首死体を集めるための特別使役が各班に伝達された。使役に集まった隊員たちは、二人一組で死体を穴に運んだ。

口から泡を吹き、口角と鼻孔から血を流したまま絶命している「丸太」たちの死体は重かった。隊員らは「丸太」の顔から目をそむけて、死体を穴に突き落とした。

「重油を死体の山にかけて薪（まき）を投げ入れ、何枚ものトタン板をかぶせて火をつけた……死体は燃え切らず、焼却作業が再度繰り返された……焼却し終わった後『すぐ骨を集めろ、叺（かます）に詰めて捨てるべし』と命令が出たが、熱くて手が出せない……結局、骨の回収は夕方になったと記憶している」

元隊員の中には、この時の「丸太」焼却作業の夢をみて、今なおうなされる者が多い。

焼却した「丸太」の骨は、何十袋もの叺に詰められてトラックで松花江に投棄された。「叺の口を開き、川の中で骨が四散するように捨てるべし」と命令を受けた運輸班員らは、夜間に汗だくで投下作業を行なった。

「丸太」の骨と共に、何百という手錠と足枷が河面に投げ込まれた。ガラス瓶に入った何千もの人体標本が、飛沫を上げて松花江に沈んだ。

元隊員たちの記憶によれば、撤収作業が最終段階に入った八月十三日の朝、平房からの鉄道引込線が敷かれた第七三一部隊「石炭山」の横に、「総員集合せよ」の命令が発せられたという。

汗と煤に全身まみれた七三一幹部を中心に、多くの隊員が集合した。

積んであった枕木の上に、石井四郎軍医中将の姿があった。悪魔の部隊を率いてきた大男は、隊員たちをにらみつけ、被っていた戦闘帽で汗を拭きながら、音声を張り上げて演説した。

「……昔、昔、ここに石井部隊があり、近代科学を駆使して研究に腐心した……歴史にその名は消えないであろう……」

獅子吼する石井四郎部隊長のあごから、大粒の汗がしたたり落ちるのを、撤収作業に疲れ切った七三一隊員たちは、呆けたような表情でながめていた。「丸太」小屋を爆破する大音響によって、石井四郎の演説はしばしば中断されたという。——

〈作者からのメッセージ——中間の伝言板として〉

広がった波紋

執筆開始以来、多くの読者の方がたから、心のこもったご批判、激励をいただいた。第二部執筆の時点までに私宛の直接のお便りも含め、寄せられた封書、葉書は三百通を超え、電話を入れると直接の反響は優に五百人に達している。

短期間にかくも多数の反響は、私としても『人間の証明』以来のことであり、紙面を借り作者の中間メッセージをお伝えして謝意に代えたい。また、読者からのご指摘、お問い合わせのいくつかについて私見を述べてみたい。

第一部の「丸太」の暴動について九州在住の元七三一隊員K・A氏から丁重なお便りをいただいた。K・A氏の回想によれば、七三一における「丸太」の暴動はすでに一九四二年（昭和十七年）初夏に一度発生していたという。K・A氏の手紙の一部を原文のまま紹介しよう。

「……私は部隊には十八年五月まで在職であり、次に述べるのは私の在任中の出来ごとであります。昭和十七年の六—七月頃だったと記憶しています。非常呼集、小銃携行で隊員四名とともに特別班入口前に集合。入口で実包を受領、班内の出入口には機関銃座が両脇にあり、二門の機関銃が8棟に向けられていました」

「私は特別班に入ったのは初めてであったが、かつて本部三階の窓から丸太の屋外作業を見たことがあった。……憲兵が8棟の三階（注1）に梯子をかけ、拳銃でマルタを撃っていた」

「中留部長（注2）の『赤を持って来い』。——わたしは赤とは何だったたか！　と考えたが、その時点では思い出さず、防毒面の配給でわかった。猛毒ガスだ。10—20センチの毒ガスの缶詰で、缶の上部に赤い線が一本通っていて、軍隊では猛毒ガスのことを赤と称していた」

「私は小川さん（通訳＝注3）と共に、部長の護衛にあたっていた。ソ連軍人（脱走兵）七名が暴れていると報告を受けていた。歩哨—復哨の一人が後ろから彼等に手錠で殴られ昏倒、拳銃と鍵を奪い、8棟の二、三階の収容者全部を棟内の廊下に出し騒ぎだした」

「部長が特別班の技手を呼び、一階のマルタを全部7棟に移せと命じた。8棟一階の十数名の若いソ連人女マルタ（注4）が両手をあげて出てきた。その中の一人が子供を抱いて片手をあげ出てくるのをみた」

「女マルタ収容が終わると同時に、ホスゲンの缶が切られ、一階の窓から投げ込まれた。部長は腕時計を見ていたが、開けろの命令で、一斉に二、三階に駆けあがった。六十数名のマルタが死亡していたが、特別班員のその死体処理のやり方には驚いた……」

K・A氏は手紙の中で「丸太」の暴動を回想しつつ、日本民族の蒙った原爆の惨禍にふれ、「原爆をどう思いますか！　日本中『核』のマルタであり、実験の試験場だったと云えます。数十万の同胞が一瞬に消され、いまなお原爆症に悩まされている人も多勢います」とのべておられる。K・A氏の回想には多くの新事実がある。

また川崎市在住のO・Aさんと多久市のJ・Tさんから次のような傾聴すべきご意見を寄せ

られたのでその一部を紹介する。

続巻の終りの方の「動物拒否宣言」と云う項目についてどう考えても、私には納得出来ません。

動物を以下と見る人間の思い上がった思想のもとに反核運動が支えられているとしたら、七三一のマルタの発想にどこかで、つながっていくのではないでしょうか。もはや人類は、万物の長ではなかった事に、気がつくべきではないかと思うのです。七三一に限って言ってもあれは人間だからこそ有り得た、正に人間の証明そのものであったと言ったら言い過ぎでしょうか。人間味豊な人間とは、伊藤（石井の誤り？）四郎なる人物を差すのではないかとさえ思われる位です。

人間とは他の動物に比べ、どこがどの様に上等であったか、私にはさっぱり解らないのです。本来語りつがれて来た言葉にはずいぶんと身勝手な意味のものの多いのも気になります。動物は人間などにくらべはるかに礼儀正しく、物静かで、何一つとして自然を乱す様なことはなく、自分達が死ぬまでのほんのつかの間のぎりぎりの欲望以外に何をしたと言うのでしょうか。（川崎市O・Aさん一部抜粋）

しかし乍（なが）ら、敢えて云わせて貰（もら）えるならば、何故、今「悪魔の飽食」なのか？　戦後既に三十七年、——語弊があるかも知れませんが、そんなに昔の事が今頃、何故？　少々厭味（いやみ）を含ませて云わせて貰えば、世界の歴史を紐といて見るに、戦後既に三十七年、ひょっとしたら次の戦争が起って「悪魔の飽食」の「お代わり」が起っていても不思議はない、この時期に、今頃、なんで?……小生の申し上げたいのは、かかる（本来ならば、極力隠匿するに努めたい）恥ずべき歴史の一端の告発が、寧ろ遅すぎた、余りにも遅いのではあるまいか、という事なのです。秘密に撤した「石井部隊」についての資料・情報の収集から出版に至る経過に長年月を要したからなのか、或いはそれ共、森村先生の前にかかる努力を惜しまない人が、たまたま居なかったからなのか?

ともあれ、この一九八二年に至り、教科書問題を初めとして、改憲論、靖国神社参拝問題、そして近くは、満州国建国記念碑問題など、日本の右傾化が論議され、軍国化への危惧が懸念され、何か空恐ろしい訳の判らない大きな力が、我々の知らない所で胎動を始めたと、感じざるを得なくなったこの今、かかる書物が出版されたという事は、或る意味に於いては、時期（宜）を得た、と云うべきか、それ共奇遇と云うべきか……。（多久市J・Tさん一部抜粋）（カッコ内は著者が追加）。

また実録中、中国語の日本語表記についても、多くの方からさまざまなご教示をいただいた。ここに厚く感謝する次第である。

注1・「丸太」を収容した第七三一部隊特設監獄が「三階建て」であったことを示唆する注目すべき証言である。左右同型に建てられていた「7棟」「8棟」の特設監獄は外見から二

階建てであったとみられている。しかし、何人かの元隊員たちは「二階建てにみえるだけで、実は、監獄は三階建てであった」と証言している。K・A氏の手紙は〝三階説〟を裏書きするものであるが、真相は依然謎に包まれている。

あるいは特設監獄には秘密の地下一階があり、実質的には三階建てだったのかもしれない。「マルタは地下から入れられたのだ」と断言する元隊員もいる。

注2・中留部長については第一部文中写真参照のこと。「芙蓉萬古之雪」の揮毫を好み、人格者として慕われていた。人格者が「赤を持ってこい」と叫ぶところに七三一と戦争の悪魔性がある。

注3・「小川さん」は、第一部に登場する小川通訳生のこと。K・A氏の投書にある「丸太」暴動が事実とすれば、小川通訳生は二度にわたって暴動を目撃したことになるが、小川通訳生はすでに故人であり、本人に確かめるすべはない。

注4・「十数名の若いソ連人女マルタ」――これも新事実である。「女マルタは二人か三人しかいなかった」が、従来の元隊員たちの証言である。女「丸太」が十数名いたとなれば、梅毒実験や生体解剖について元隊員らの間にささやかれている淫靡な〝風評〟にも根拠を与えるものである。

本項を借りて、『悪魔の飽食』を日本共産党の宣伝物ではないかという一部ジャーナリズムの批判について私見を述べる。

『悪魔の飽食』の発表媒体が日本共産党機関紙「赤旗」であったことと、秘書として協力した下里氏が日本共産党員であったことからこのような批判が生じたとおもわれるが、その根底には次のような事情が伏在していると私は推測する。

日本人には収容所群島的ソ連型社会のもつ陰湿なイメージから発する体質的といってもよい〝共産主義嫌い〟がある。たしかに現在のソ連型社会には真の意味の政治的、思想的、人間的諸自由はない。武力を背景にした露骨な膨張意欲と国家にまつわる不明朗な暗さは、ソ連に対する警戒を緩めさせず、共産主義の理論と実際のギャップを見せつけている。

日ソ関係の歴史や北方領土問題なども日本人のソ連に対するイメージを悪くすることを促している。このソ連のイメージと共産主義を直結させて、共産主義を自由と民主主義の対極の位置においている人も少なくない。

ここにおいて民主主義と共産主義について論ずるつもりはなく、またその任でもない。それらの概念そのものがきわめて多義であり、民主主義の解釈が西欧諸国と共産国ではずれがある。

本来、共産主義は、資本主義に対応する社会の経済的構造を示す用語である、私有財産制と契約自由の原則の上に立つ資本主義の矛盾を克服するものとして財産共有をベースとする未来社会を目指す共産主義思想がある。

それに対して民主主義は主権を国民が所有、行使する政治形態として、一人の君主や独裁者が権力を独占する君主政治や専制主義に対立するものである。第一次大戦後、資本主義の危機の産物として独裁政治（ファシズム）を生んだ歴史的事実があるが、社会の経済機構である共産主義と政治形態の民主主義を相対する概念としてとらえた混乱が、ソ連型社会の暗いイメージと戦前、戦中の反共教育と結びついて日本人の共産主義嫌いの素地となっている。

戦中、戦前は「アカ」というだけで黴菌（ばいきん）のように恐れ、そのレッテルを押された家の前を走るようにして通り抜けたものである。当時、「アカ」は犯罪者か極悪人の代名詞であったといってもよい。その名残りはいまでも根強く日本人の中に残っている。

深く考えずに、ただなんとなく嫌いという人も少なくない。私の秘書が日本共産党員であったところから私を無理矢理に同党員に仕立てて『悪魔の飽食』を同党の宣伝広告物の如く喧伝（けんでん）することにも、日本人の共産主義嫌いを利用しようとする意図を感ずるのである。共産党のシナリオとすることによってかなり多数の読者が離れることを彼らは知っている。七三一部隊の所業を告発した書物は『悪魔の飽食』だけではない。過失による写真誤用をこれほど執拗に攻撃するのは、たまたま同書が超ベストセラーになったことのほかに、このような事情が存在すると私は見る。

また『悪魔の飽食』が――日本の侵略の中で最も強烈な場面を追及するために、日本人の自尊心を傷つけ、侵略批判から体制の選択（自由主義社会か社会主義社会か）にまで影響しかねない。それだけに情報戦謀略戦の戦略に利用され得る。なぜなら情報の破壊力は兵器に劣らず、情報戦はマスメディアを政府の統制の下におくソ連型社会や独裁型国家にとって一方的に有利であり、自由主義社会の自由が、全体主義社会の安価、無抵抗で、有効な戦略の標的とされるからだ——という意見がある。

たしかに情報戦においては国民の「知る権利」を保障した自由主義社会が、知る自由のない全体主義社会に対して絶対的に不利である。だが報道（思想・言論）の自由下に自国にとって都合の悪いことを明らかにすることがその国民の自尊心を傷つけ、ひいては体制選択に影響を及ぼすという意見は短絡ではないだろうか。我々は思想・言論の自由を含む人間の基本的自由が根幹をなす民主主義を獲得するために無量の犠牲をはらってきた。私は自国にとって不都合なことを包み隠さず公表できる自由（非合法な暴力的制約はあるが）を保障された国家の体制に自尊心を傷つけられるどころか、むしろ誇りにおもう。

報道の自由の存在しない社会と、その暗部を告発できる自由の保障された体制の選択を迫られたとき、人はためらいなく前者を選ぶであろうか。『悪魔の飽食』を米側の資料に頼りすぎていると批判する人もいるが、第二部における資料は主として米国の情報公開法によって得られたものである。自国にとって不利なことも、民主主義の根幹をなす自由を確保するために公開する（国家安全保障上の制限はあるが）米国の姿勢に、人々は民主主義の筋金を見るのである。『悪魔の飽食』にソ連側の資料がないのは、むしろ米国の民主主義の強さを見せつけており、「戦略的成果」と逆の成果を挙げている。軍国ファシズムの下では絶対に出版できない『悪魔の飽食』が発表できたのは、民主主義の成果であり、体制の戦略的成果と同一次元で論ずべき問題ではない。

第二章　七三一部隊をめぐる米・ソの確執

カサドラル・ヒル方面から見たサンフランシスコ市街の眺望。遠くに金門橋をのぞむ。（撮影・下里正樹）

ジョン・パウエルとの会談

ジョン・パウエルについては中国生まれのジャーナリストでシスコ在住という以外に、データはない。

一九八一年秋、米国の科学者たちによってシカゴ市で発行されている旬刊誌「ブレティン・オブ・アトミック・サイエンティスツ」誌は短い論文を掲載した。

「歴史の隠された一章」と題するこの論文は、石井四郎軍医中将を長とする第七三一部隊が、米占領軍への豊富な細菌戦資料の引き渡しと交換に、戦争犯罪を免罪された経緯を暴露するものであった。

論証の根拠として、この間米国立公文書館で発見されたいくつかの公文書が使われていた。公文書を発見し、論文を書いたのがジョン・パウエルであった。パウエル論文の出現により、第七三一部隊は期せずして日本国内と同時に、米国内でも時代の〝脚光〟を浴びることとなったのである。

――ジョン・パウエルは、あるいは米国籍を持つ中国人かもしれない……

年齢は何歳なのか。彼はなぜ第七三一部隊に関心を持ったのか。なにをきっかけに七三一関連公文書の存在を知ったのか？　あらかじめ通知はしてあるものの、突然の日本人訪問客を、ジョン・パウエルはどう迎えるだろうか。

ジョン・パウエルの家はチャーチ大通りの坂道の中腹にあった。白く塗られた木造の二階家である。一階が大きなショーウインドーを持った店舗になっていて、ガラス窓に「パウエルの店」と金文字が書かれてあった。

ショーウインドーの中は陶製の古い壷(つぼ)、籐(とう)で編まれた座椅子(ざいす)、鳥の羽根、大小の金属パイプが光る古風な洋服掛けなどが、さりげなく計算された位置を占めている。古道具(アンティック)の店であった。

レジスタンスのジャーナリスト

ベルを押すと、二階から階段を下りてくる気配と共に、店の右横のドアが開いた。中から褐色の頭髪をした六十年配の白人男が半身を現わした。

幅の広い茶色のズボンに古い靴をはき、赤と緑の縞(しま)柄スポーツ・シャツを着た大柄な男性である。血色の良い顔に黒ぶちの小さな眼鏡を掛けている。身長は一メートル七十五ぐらい、指に万年筆を握ったまま、

「Oh……Happy to see you !」

客を待ちかねていた様子が語尾にはずんだ。ジョン・パウエルその人であった。

手土産代わりに差し出した単行本『悪魔の飽食』と添付写真に対しパウエルの目が光り、質問の速射砲が火蓋を切った。

ジョン・パウエルは一九一九年（大正八年）に中国で生まれた。両親はアメリカ人、父親は

れた。

名の通ったジャーナリストとして、上海で「チャイナ・ウイークリー・レビュー」(「中国評論」)という雑誌を発行していた。父親の影響でパウエルも同誌記者として報道の世界に足を踏み入れた。

パウエルが細菌戦に強い関心を持ったのは、一九四〇年(昭和十五年)のことである。

この年の五月から六月にかけて、日本軍は中国中部の都市寧波で細菌戦を遂行した。第七三一部隊が出動し、空から大量のペスト・ノミを散布、ペストを流行させた都市部・農村部を問わず、多数の人びとがペストで倒れた。

「私はたまたまこの時、寧波に居合わせた……日本軍が実地に行なった細菌戦の結果、多くの中国人農民たちが虫けらのように殺されていった……私の胸に言いようのない怒りと日本軍への反感が宿った」

とパウエルは言う。二十一歳の時であった。

パウエルがファシズムに決定的な憎しみを抱くようになったのは、上海に侵攻した日本軍によって、父親が逮捕・投獄される事件が起きてからである。

日本軍の上海侵攻を「宣戦布告もなにもない暴力による一方的な侵入」と論難したパウエルの父親は「日本の天皇を侮辱した」という理由で上海の監獄に投獄された。その結果、栄養失調が原因で両足を切断するという悲惨を体験した。

一家はアメリカに引き揚げ、パウエルは第二次世界大戦中、〝中国通〟の知識を買われて軍に勤務、対敵宣伝の仕事にたずさわった。父親は一九四七年(昭和二十二年)に死亡した。

サンフランシスコ市チャーチ大通りは急勾配の起伏のある閑静な住宅地である。J・パウエルの家は坂道の中腹にあった。（撮影・下里正樹）

赤狩り（マッカーシズム）の犠牲山羊（スケープゴート）

戦後、逸速（いちはや）く中国に渡ったパウエルは雑誌を再興しようとするが失敗、新聞記者として中国革命を実地に見聞した。

一九五三年、中国革命の進展の中で米本国に帰ったパウエルは、中国の新政権について数多くの論文を執筆し、〝中国通のジャーナリスト〟の名を確立した。

だが、時を同じくしてアメリカ国内をマッカーシズムの嵐が吹き荒れた。マッカーシズムとは、一九四九年ごろから、マッカーシー上院議員が中心となって進めた〝赤狩り旋風〟のことである。

マッカーシーは、アメリカ国内における文化人、知識人の動向に目を光らせ、委員会に文化人たちを召喚する一方、「赤」と認定した人間については、公職からの追放を含む〝赤狩り〟を断行した。名優で知られるチャップリンもマッカーシズムの犠牲になった。

時流に乗じてマッカーシー上院議員に追従する議員も現われた。上院議員ジャーナーもその一人である。

ジャーナー上院議員は、新聞、放送、学校等での論文や講演内容に目を光らせた。ジャーナーは多くの知識人をジャーナー委員会に呼びつけ、「アメリカにとって好ましからざる人物」と烙印を押し、彼らの職場を奪った。パウエルもジャーナー委員会の犠牲者となった。

パウエルが「朝鮮戦争で米軍の行なった細菌戦のルーツは七三一である」と書いた論文がジャーナーの目に引っかかった。ジャーナー委員会はパウエルに対し、「根も葉もない記事を捏造して、米国の利益を損なう人物」ときめつけ、あらゆるマスコミの舞台からパウエルをしめ出そうとした。

だが、パウエルは屈しなかった。裁判の過程で、米国政府が握っている細菌戦に関する公文書を公開せよと、粘り強く主張したパウエルは、ついに苦節十年の法廷闘争の末、政府側を窮地に追いこみ、裁判を取り下げさせた。——

「というわけで、ジャーナリストとしての私はふしぎに細菌戦と縁がある……私が原稿発表の場を奪われていた十年間、私たちは古い家から家へ転々とした……私と妻は貧しかったから、引っ越し先で手に入れた古い家具をていねいに集めていた。ところが、この古い家具が後日、役に立った……」

パウエルの回想である。

古い家具に対して、にわかに古道具品（アンティック）ブームが訪れた。妻のシルビアは豊富な古家具を資本に「パウエルの店」を開店し、失業同然の夫、子供二人を含む家族四人の生計を支えた。

一度胸に芽生えた疑問にこだわり続けることは、ジャーナリストや作家にとって大切な素地である。パウエルは、奇（く）しくも『悪魔の飽食』の執筆と時期を同じくする一九八一年の夏から秋にかけて、こつこつと米国立公文書館で書類の山と格闘し、七三一関連の公文書発掘作業に取り組んでいた。

こうして生まれたのが「アトミック・サイエンティスツ」誌に発表された「歴史の隠された一章」と題するパウエル論文であった。——

「なぜ七三一に関心を持つようになったのか」の質問に、パウエルは淡々とした調子で、ざっと以上のような説明をした。

風船爆弾の正体

「ところで……」

と身体の向きを変えながらパウエルは一つの反問を発した。

「あなたは、風船爆弾（バルーン・ボム）というのを知っていますか？　終戦前年の一九四四年（昭和十九年）に、日本陸軍が打ち上げた数千個の風船爆弾については、これまで多くの文章が書かれてきました……あなたは風船爆弾の正体をなんだと思いますか？　風船爆弾と七三一部隊は、まったく無関係だったのか？　あるいは、密接に関係していたのか？」

風船爆弾と七三一！

パウエルの質問は、急所を突いたものであった。

バルーン・ボムは、太平洋戦争の末期、日本陸軍によって開発使用された特殊兵器である。太平洋上空を流れる強力なジェット気流に、爆弾を搭載した水素ガス風船を運ばせ米本土を〝直撃〟するという奇想天外な計画が、実行に移されたことは、戦中派日本人ならば一度は耳にした話である。

「風船爆弾の正体は、実は細菌爆弾ではなかったのか？　第七三一部隊が深く関わった新兵器であった疑いが濃い」

とパウエルは言葉を続けた。

「ワシントンDCにいってごらんなさい、スミソニアン歴史博物館に今なお風船爆弾の実物が展示されています……風船爆弾が米本土にひんぴんと到着しはじめたとき、アメリカの化学者、医学者たちはこの爆弾の正体に大きな疑問を持ったのです」

ジョン・パウエルの言葉は衝撃的な示唆を含んでいた。

風船爆弾が細菌爆弾であれば、追いつめられた軍部の苦しまぎれの作戦と評された「戦史上、最も幼稚な作戦」が一挙に様相を変えてしまう。

「ふ号」と「糧秣本廠（りょうまつほんしょう）1号」

ここにバルーン・ボムと七三一の関係を暗示する日本陸軍の公文書がある。
「陸軍省軍事課特殊研究処理要領」と標題のあるこの文書は、陸軍省軍事課が終戦と同時に関係機関に発した通達である。短いものなので以下全文を引用する。

特殊研究処理要領　　二〇・八・一五
　　　　　　　　　　軍　事　課

一、方針
敵ニ証拠ヲ得ラル、事ヲ不利トスル特殊研究ハ全テ証拠ヲ陰滅(ママ)スル如ク至急処置ス

一、実施要領
1　ふ号、及登戸関係ハ兵本草刈中佐ニ要旨ヲ伝達直ニ処置ス（十五日八時三十分）
2　関東軍、七三一部隊及一〇〇部隊ノ件　関東軍藤井参謀ニ電話ニテ連絡処置ス（本川参謀不在）
3　糧秣本廠1号ハ衣糧課主任者（渡辺大尉）ニ連絡処理セシム（十五日九時三十分）
4　医事関係主任者ヲ招置直ニ要旨ヲ伝達処置ヲ小野寺少佐及山出中佐ニ連絡ス（九時三十分）
5　獣医関係、関係主任者ヲ招置直ニ要旨ヲ伝達ス土江中佐ニ連絡済（他ハ書類ノミ）十時

「特殊研究処理要領」は、「敵」に証拠として押収されては困る「特殊研究」を一括し、速やかなる処分を命じたものである。

ジョン・パウエルが、風船爆弾と七三一の関係を質問したとき、連想されたのは右の陸軍公文書であった。

「処理要領」を熟読すると、通達の背後に潜む暗黒の輪郭が浮かび上がってくる。通達はけっして相互無関係の独立した「特殊研究」項目を一括並べたものではない。あくまで「敵」との関係で速やかに処分すべき事物を、具体的に列挙したものである。

通達中「敵」とは米・英両国を主力とする連合軍である。とりわけアメリカを意識したものであることは、終戦直前の戦況を考えれば明瞭である。通達は、いかなることがあっても、これだけは米軍に押収させてはならないとする極秘項目を列挙したものであろう。無味乾燥な公文書だが、誦読を重ねると、通達を下した当事者の「意思」が読み取れる。——

「処理要領」の冒頭に出てくる「ふ号」とは、風船爆弾を指すものではなかったか……（注・一一二ページ）。

ジョン・パウエルの質問は、脳裡を走る閃光となって「ふ号」を照らし出した。

「ふ号」—関東軍七三一部隊及一〇〇部隊—糧秣本廠1号—医事関係—獣医関係、と「処理要領」は一本の線となってつながる。

「ふ号」は風船爆弾であり、七三一及一〇〇はともに日本陸軍が擁していた細菌戦部隊である。「糧秣本廠1号」とはなにか。その正体は不明であるが、戦争末期糧秣本廠に勤務したことのある茨城県在住のG・T氏より、米国の小麦に害をあたえるための銹病菌ではないかという意見が寄せられた。氏は同廠で帝国大学農学部植物病理学教室における黒銹と赤銹の二種の中黒銹病菌の胞子の耐久力等の研究に従事していたということである。

「医事関係」および「獣医関係」は、七三一と一〇〇に対応もしくは関連する項目であろう。

戦前、東京・新宿区若松町の陸軍病院、陸軍防疫研究室には多数の人体標本があった。その中には、乾燥し、ミイラになった人体や、ペストに罹った黒色死体もあった。コレラ、チフスの罹病標本も多かった。

終戦と同時に、多数の研究者、教育隊少年隊員が動員され標本の処分が急がれた。防疫研究室の裏手にあった空地に、深さ十メートルの大きな穴が掘られ、防疫研究室に陳列されてあった多数のホルマリン漬け人体標本が、ガラス瓶ごと投げこまれた。関係者の証言によれば「人体標本の処分作業は八月十五日以降、一か月かかった」という。

「穴の広さは十五メートル四方、深さは十メートル、三階建ての家屋がすっぽり収まりそうな深さだった。穴掘りが完成すると同時に、人体標本を入れたガラス広口瓶、パラフィン処理を施した人体組織標本が何百個も穴の底に投げこまれた……ミイラの人体標本は投げこまれたところを、東京帝大医学部からきた人びとによって再び拾い上げられ、帝大へ持ち帰られたと記憶している……標本の中には高橋お伝の臓器もあったが、これは警視庁が持ち去った」

とは関係者の話である。

この時の人体標本処分作業が、先の陸軍省通達「処理要領」と表裏一体をなすものであることを、読者は先刻から察知しておられよう。新宿区若松町の陸軍防疫研究室や陸軍軍医学校には、ハルピンから持ち帰った「丸太」の標本多数があったのではないか。また標本の中には、七三一で殺された白人「丸太」の臓器、生首等が含まれていたのではなかったか。

「医事関係」とは、あるいは九州大学医学部が行なった米兵捕虜生体解剖事件の「証拠」を指しているのかもしれない。

いずれにせよ、「陸軍省軍事課特殊研究処理要領」の底に潜む意図は対アメリカを意識した戦争犯罪の〝証拠隠滅〟である。とすれば、「ふ号」(風船爆弾)―七三一部隊―一〇〇部隊の三者にはなんらかの相関関係があったと推理される。――

「ふ号作戦」については「環境と測定技術」一九八二年 vol. 9 №10掲載「環境と地球百話その25」「ハフニウムとフ号作戦」(日本環境測定分析協会)に次のような興味ある記事がある。文中「B剤」とあるのが BACTERIOLOGICAL を示す細菌兵器であろう。

さて太平洋戦争も二年目、テストで飛ばした風船爆弾の幾つかがアメリカの西海岸に着いたとみえ、サンフランシスコ放送が日本軍による空襲警報を報じていた。折角太平洋を飛び越したとしても防空戦闘機に撃ち落されるのではないか、これを防ぐために「この金属機器部分をチタン塗料などで覆え」という話になり、さらに性能のよい「ハフニウム酸化物」が浮び上ってきた。その後この計画が変って「風船」にはハフニウムを使わずにこれは「富嶽」に使用ということになり、昭和十八年十一月三日明治の佳節を「D日」とする「フ号作戦」が準備されることとなった。フ号作戦には三つの主役があり、その第一が大型の戦略爆撃機「富嶽」、第二にB兵器「芙蓉」、第三がこれを運ぶ「風船」で、いずれも、長年にわたって、ひそかに研究されてきた。当時の日本の航空界はA26長距離機を作り上げた実力から一万馬力のエンジンを積める飛行機なら世界無着陸一周が可能であるとし、このため強力なエンジン六台を載せて太平洋をこえ、米大陸を横断して大西洋にぬけ、ドイツに着陸、給油して、中央アジアを横ぎり、一周を完了するという構想のものである。富嶽は一万メートルの高空を飛びハフニウム剤で電探の眼を妨げ、風船は九千メートルの高度でアルミ粉塗装により、電探の眼を引き付け、ともに偏西風に乗って東に向かおうというものである。結局、この作戦は実施できず、まず芙蓉がB剤であるため上層部の決裁が得られず断念、富嶽はその年三月南方ラバウル方面の航空事情が悪化「そんなバケ物を作るより一機でも多くの戦闘機を」ということでこれも中止、「風船」だけが残った。北太平洋上空の偏西風は秋十一月から翌春三月頃までジェット気流となって亜成層圏を時速二百キロメートルもの速さで吹く、これに直径十五メートルの風船を乗せて、米大陸を攻撃しようと千葉県一の宮、大津などの房総の三基地に気象連隊の気球大隊を配置して、最大五分間に一発の割合で発射できる準備をした。結果は戦後のアメリカの発表で米大陸に到達したのは三五〇個余り、被害らしいものは二十年三月六日にオレゴン州で風船から落ちてきた爆弾によって六人が死亡した位であるといわれている。最近のアメリカ誌へリテージには同年三月十日ワシントン州ハンフォード付近の送電線にこの風船が落ちて、ショート断線、近くのハンフォード・プルトニウム生産原子力工場の作業が停止し、「第二次大戦中、最も単純で奇妙な日本の秘密兵器が、最も複雑かつ多くの経費を要したマンハッタン計画の作業を止めた」と伝えている。（後略）

細菌戦情報をめぐる米・ソの確執

パウエルはファイルの中からワンセットの英文書類をつまみ上げた。

「これは、私が米国立公文書館でごく最近発見した一九四七年二月以降から九月にかけてワシントン統合参謀本部と東京のマッカーサーGHQ最高司令官の間で交わされた機密文書です。石井四郎七三一部隊長および関係者の身柄をソ連に引き渡すかどうかをめぐってワシントンと東京のやりとりが具体的に記録されています。これは長い間機密とされてきましたが、情報公開法によって入手したものです」

パウエルがまず呈示した最初の書類には、「国務陸海軍三省調整委員会指令」とあり標題が次のように記されてあった。

REQUEST OF RUSSIAN PROSECUTOR FOR PERMISSION TO INTERROGATE CERTAIN JAPANESE（ソ連側検察官の特定日本人に対する訊問許可の要請）

一九四七年二月十一日

さらに極東最高指令官からのメッセージを同封書類として添付してあった。

~~CONFIDENTIAL~~

ENCLOSURE

INTERROGATION OF CERTAIN JAPANESE BY RUSSIAN PROSECUTOR

Memorandum by the State Member, SFE

The Department of State cannot approve the proposal in SFE 188/2 that Colonel Ishii and his associates should be promised that BW information given by them will be retained in intelligence channels and will not be employed as "war crimes" evidence. It is believed on the basis of facts brought out in the subject paper that is is possible that the desired information can be obtained from Colonel Ishii and his assistants without those asssurances, and that it might later be a source of serious embarrassment to the United States if the assurances were given. At the same time, every practicable precaution should be taken to prevent the BW information possessed by Colonel Ishii from being made generally known in a public trial. It is therefore recommended that (1) that CINCFE, without making any commitment to Ishii and the other Japanese involved, continu to obtain all possible information in the manner heretofore followed; (2) that information thus obtained be retained in fact in intelligence channels unless evidence developed at the International Military Trial presents overwhelming reasons why this procedure can no longer be followed; and (3) that, even though no commitment is made, the United States authorities for security reasons not prosecute war crimes charges against Ishii and his associates.

It is proposed that paragraph "c" of the "Conclusions" of SFE 188/2 be amended as in Appendix "A" hereof, and that Appendix "D" of SFE 188/2 be amended as in Appendix "B" hereof to accord with the above recommendations.

「ソ連側検察官の特定日本人に対する訊問」の極東小委員会メモ

東京CINCFEより
WDCSA戦争局
書類番号C69946

IMTFE（極東国際軍事裁判所）におけるソ連側検事は、満州ハルピン近郊平房施設における細菌戦研究に従事した石井中将、キクチ大佐、オオタ大佐の訊問許可を求めている。

この要求は身許未確認の捕虜が供述した上記三名によって実行された実験の結果、二千人の中国人および満州人が死んだという情報に基づいて為されたものである。

ソ連の要求は補助的軍事裁判が米国によって認められるだろうという仮定に基づいている。同時にソ連側の七三一部隊におけるチフス菌とコレラ菌の大量生産およびチフス・ノミに関心があることを認めている。当方の意見は、ソ連は米国側にまだ知られていない情報を得ようとしているようには見えず、また米国が当方の監視下におけるソ連の訊問を通して追加的情報を得る可能性があるということである。

以上の件に関してソ連側の訊問の諾否についての判断を乞う。

CINCFEは太平洋軍司令官すなわちマッカーサーを意味する。キクチ大佐は七三一部隊第一部長（細菌研究）菊地少将、「オオタ大佐」は同第二部脾脱疽（ひだつそ）研究班長、兼第二部長として細菌戦の実戦指揮をした太田大佐のことと推測される。

来日したパウエル氏と討論する森村誠一（中央）、下里正樹（左）。＝一九八二年三月十九日、ホテルニューオータニ

パウエルはつづいて二通目の書類を取り上げた。

「そしてこれが、本国からの回答です」

その書類に次のような英語の標題があった。

「FROM：WASHINGTON（THE JOINT CHIEFS OF STAFF）

TO：CINCFE（MACARTHUR）

NR　：W 94446 March 21 1947

The following, received from the state, War and Navy Departments, is in reply to your C 69946. Message is in two parts.……」

（ワシントン統合参謀本部から、マッカーサー宛。一九四七年三月二十一日以下は、国務、陸軍、海軍省からの貴電C六九九四六号への回答である。メッセージは二つの部分より成る。……）

記録のあちこちに「トップシークレット（最高機密＝極秘）「プライオリティ（優先取扱）」「コンフィデンシャル（マル秘情報）」とスタンプの押された跡が目立ち、文書が交わされた当時の状況を物語っている。

「Part I. Subject to following conditions permission granted for SCAP controlled Soviet interrogation General Ishii, Colonels Kikuchi and Ota topic biological warfare.……」

「パート1。細菌戦に関する石井将軍、菊地、太田両大佐に対するソ連側訊問は、ＧＨＱ最高司令官のもとで、以下にのべる条件のもとに許可されるものとする……」

文書中、「ＳＣＡＰ」とは、終戦直後の日本にあって、ＧＨＱ最高司令官、すなわちマッカーサー元帥を指す単語であった。

「a、ソ連側の訊問が行なわれる前に、菊地、太田両大佐は米国担当要員による面接調査を受けることとする。貴殿（マッカーサー元帥のことか？　原文 Subject your concurrence）に協力するため、陸軍省は特別に訓練された代表の派遣を至急準備し、米国側の先行訊問と、引き続くソ連側訊問の監視に当たらせる」

「b、先行訊問によって、もしソ連側に知られてはならないと思量される重要な情報が得られたならば、菊地と太田には、その情報をソ連側にもらしてはならない旨を指示する」
「c、ソ連の面接調査に先立ち、日本側の細菌戦専門家（石井、菊地、太田を指す）には、この問題について米側の面接調査が行なわれたことを語ってはならないと、指示する」

重要情報はすべて米国が独占せよ、また米軍の予備調査が行なわれた事実を秘匿せよ――が、第二、第三の「条件」である。しかし、それだけでは十分ではない。ワシントンの記録は続いて、ソ連側の訊問のやり方についても枠をはめるべく指示を与える。――

「パート2。ソ連側には、すでに告発された日本軍の中国人民に対する（細菌戦の）犯罪行為に対し、戦争犯罪を追及すべき明確な証拠は存在しないし、米国がソ連側に訊問の許可をあたえるのは、戦犯追及の扱いとしてではなく、友好国に対する外交的ジェスチャーである」
「と同時に、ソ連側には、（マッカーサー司令官による）今回の訊問許可が、彼らにとって有利な先例となるものではないことを明確に伝えること」

これに先立ってマッカーサーは次のようなメッセージ（日付不明）を本国に送っていた。
（コードナンバーSWNCC―国務・陸軍・海軍三省調整委員会―351の1）

一、ソ連側検察官は、細菌戦に従事した日本陸軍将校の訊問を要求しつづけており、二月二十七日に以下の事項を表明した。

A、米国が獲得した情報（細菌戦の）の共有を強く求めている。

B、実験記録に基づく証拠により起訴する用意がある。

C、ウラジオストックに二名の証人を確保しており、彼らを日本へ連行し訊問に参加させることを希望する。

D、ソ連側の資料を使っての日本人の百パーセント訊問に同意する。

二、ソ連側検察官がこの件に関して上層部より厳しく督促されていることは明らかであり、可及的速やかな我々の回答を促す声明を送ってきた。大至急返答を乞う。

ワシントンからSCAPあてに指示があった一九四七年（昭和二十二年）三月といえば、いわゆる「二・一ゼネスト」がマッカーサー命令による中止にあい、米大統領トルーマンがトルーマン・ドクトリンを宣言したころである。新学制による小・中学校が発足、一般国民は深刻な食糧不足に悩んでいる反面、高級料理屋は闇成金を相手に裏口営業をした。巷にはカストリ酒場が氾濫し、東京ヴギウギが流行した。そのころ、すでに七三一部隊首脳の身柄拘束をめぐって、米国とソ連の間に、熾烈な火花が散っていた！　部内資料はその事情を示している。

「第七三一部隊長石井四郎を訊問したい、とするソ連側の意向を受け、アメリカ政府は七三一に関する情報の独占を図った……一方、石井らは身の危険を感じると同時に、GHQに対して、狡猾な取引に出た……自分たちの持っている七三一の情報を、アメリカが独占したがって

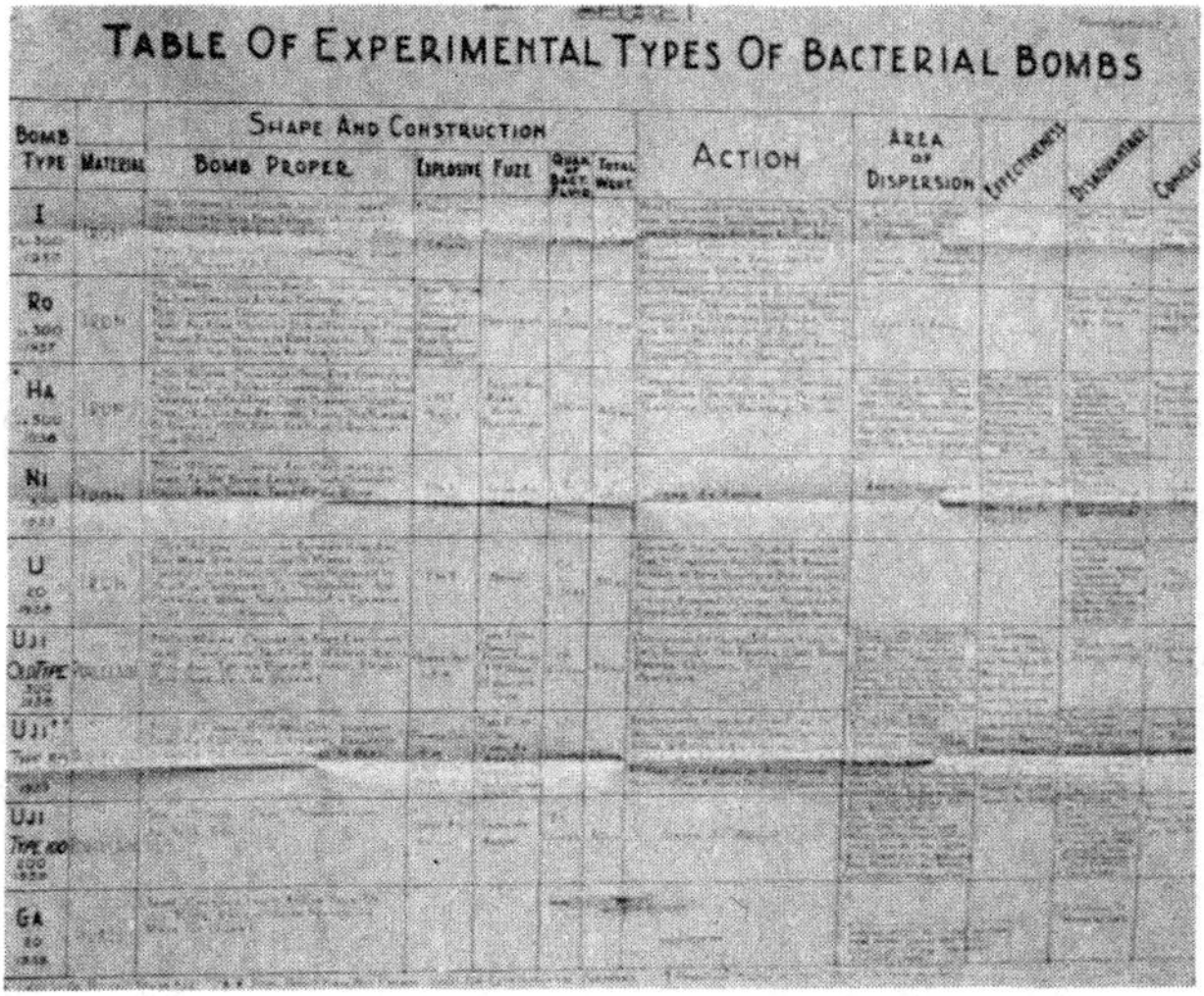

石井四郎軍医中将がＧＨＱに提出した「七三一の開発した細菌爆弾一覧表」。

いると、石井は洞察したのです」

米国と石井の取引

パウエルは別の一通の書類を取り上げながら、話を続けた。

「石井は、七三一の情報はすべてアメリカに渡すから、その代わり戦犯免除の約束をしてほしい、とアメリカに要求した。石井は戦犯免除の約束を文書でもらいたい、とＧＨＱ―マッカーサーに申し入れた……マッカーサーは、直ちにアメリカ本国政府に石井への対応策を請訓しました。私の発見した資料は、マッカーサーに対するアメリカ国務省の『覚え書』にあたるものです」

一九四七年九月八日付、極秘。

標題に、「INTERROGATION OF CERTAIN JAPANESE BY RUSSIAN PROSECUTOR REF. SFE188-2」「Note by the Acting Secretary」（ソ連側検察官の特定日本人に対する訊問）とタイプされた資料の二枚目同封文書に、米国国務省の「覚え書」があった。

米国国務省「覚え書」はいう。——

「国務省は、ＳＦＥ（極東小委員会）一八八／二において提案された。石井将軍とその同僚に対し、彼らが提供する情報を諜報チャンネルにとどめ、『戦犯』の証拠としては使わないと石井らに約束することについてはこれを認めることはできない」

「なぜなら、そのような約束をせずとも、石井とその同僚からは必要な情報が得られるからである……また、そのような約束文書を与えることは、後日、米国にとって面倒な事態を引き起こしかねない」

「同時に、石井の持つ細菌戦関係の情報が公開裁判の場で公けにされてしまうことのないよう、あらゆるかぎり可能な予防策が取られなければならない」

石井四郎らが提供する細菌戦のデータは、秘密の情報としてもれないように処置する、と国務省はいう。

「諜報チャンネル」（Intelligence Channels）の表現であるが、「特殊諜報ルート」と意訳してもよい。

Intelligence Bureau といえば諜報局のことであり、インテリジェンス・オフィサーは情報将校を意味する。石井の腹が、「ソ連軍に逮捕されるよりは、アメリカにすがって延命するほうがよい」にあることを、米国国務省は逆に見抜いていた。

石井が七三一部隊における細菌戦データを米国と取引して戦犯の訴追を免れたことについて、関係者から「取引ではなかった。当時の状況においては米国の言いなりになる以外に選択の余地がなかったのだ」という反論が寄せられている。

だがここに取引の有無を明確に示す米側資料がある。

SFE一八八/四とコードナンバーを付された一九四七年九月二十九日付の文書記録である。表題に「国務陸海軍三省調整委員会極東分科会」とあり、冒頭に「参照SFE/2・SFE/3・秘書官覚え書、同封文書はSFE代理CADメンバーの覚書であり、分科会に配付されている。J・P・CRESAP　USN司令官秘書」の文章がある。この「同封文書」には

一、代理CAD（陸軍省民事部）メンバーは国務省メンバーが述べている「このような保障をせずとも石井将軍とその部下から必要な情報を得ることができる」という記述に対しては同意できない。

二、陸軍省と空軍のメンバーはこの情報（細菌戦）が合衆国の安全保障上きわめて重要であるため、後日の困難等のリスクは負うべきであると信ずる。

三、石井将軍およびその細菌戦グループと緊密なる個人的接触を保っている合衆国軍部、軍

属、および合衆国政府当局幹部は情報が戦争犯罪の証拠として使用されないことを伝えないかぎり、最大の価値をもつ詳細な情報を得ることはできないとみている。

四、したがって最終的に最も重要なことは合衆国の安全保障である。

五、（a省略）b各省の意見相違がさらなる検討後も統一されない場合は、各省の相違見解の分割リポートとしてSWNCC（三省調整委）にこの文書を送付されたし。

六、P&O陸軍省と空軍の委員は上記事項に同意する。

――と記録されている。こうして米国側では自国の安全保障を第一義において、意見を統一したのである。

注・「ふ号」はまさしく風船爆弾そのものであった。引用した陸軍省軍事課通達の存在は服部学氏によって教えられた。同公文書は新妻清一氏所蔵のものである。なお、風船爆弾については足達左京氏『風船爆弾大作戦』（学芸書林刊）、鈴木俊平氏『風船爆弾』（新潮社刊）、佐久田昌一氏『風船爆弾始末記』（山手書房刊）ほか多数の労作、研究文献がある。一九八二年三月十三日に来日したジョン・パウエルと、風船爆弾―七三一部隊の関係について再度論議を交わした。さらにパウエル来日と並行して、元七三一部隊高橋班員と接触し、風船爆弾に七三一の細菌を積載する計画があった事実を聞き出した。これらの経緯については、『悪魔の飽食ノート』（晩聲社刊）を参照していただきたい。

米国国務省一九四七年（昭和二十二年）九月八日付極秘文書は、石井四郎軍医中将ら七三一幹部の身柄保護と、細菌データ収集について、マッカーサー司令官に対する、さらに詳細な方針を設定する。――

「一、CINCFEは、石井とその他の日本人関係者に対し、なんらの言質を与えることなく、これまでとってきた方法でできるだけ多くの細菌戦情報の収集を続けること。

二、このようにして得られた情報は国際軍事裁判に提供された証拠が犯罪事実を明らかにして隠しおおせなくなるまで諜報チャンネルの中に留めおかれること。

三、石井らに戦犯免罪の言質は与えないが、米国当局は、米国の安全保障上の見地から、石井とその関係者に対し、戦争犯罪の責任は追及しない（ことを伝える）」

米国国務省の極秘文書は、明確に七三一に対するアメリカの姿勢を伝えている。

続いて米国国務省覚え書は、マッカーサーにこうした指示を与える〝理由〟を、付録Aとして次のようにのべる。

「a　日本の細菌戦の情報は、**米国の細菌戦研究計画にとって大きな価値を持つ**ものである。

b　付録A第三項における手持データの要綱は、石井および関係者に対する戦犯告発を立証する根拠として十分ではないと認められる。

c　米国にとって、第七三一部隊の細菌戦データの価値は、石井らの戦犯追及によって生じる価値をはるかに超えるほど、アメリカの国家安全保障上、重要である。

d　七三一の情報が戦犯裁判を通して明らかになり、それが他国へ伝わるということは、アメリカの国家安全保障上、勧められないものである。

e　日本側から入手した細菌戦情報は、諜報チャンネルにとどめ置かれる。石井らから得た細菌戦情報を戦争犯罪追及の証拠として使ってはならない。

東京国際軍事裁判の場で、証拠が固められ、この方法が遂行できなくなるまでつづけるべきである」（大字は筆者）

これには付録〝B〟として次のようなマッカーサー宛（あて）のメッセージが添付された。

一、望むべき情報をなんら言質をあたえずに石井から得ることは可能である。危険な言質は米国にとって後日面倒なトラブルをもたらす恐れがある。国家安全保障上の見地から石井らを告発せざるべきであり、従前の方法によって可能なかぎりの情報蒐集（しゅうしゅう）をつづけられたし。

二、以上すべての連絡はトップシークレットとして扱われる。

石井四郎らの保身延命の思惑とは別に、米国は「国家安全保障上の必要から」七三一を免罪する必要があったのである。このことを国務省極秘文書は「本文三」および「付録B」において重複して強調している。

かくして「ソ連抜き」の訊問が開始された。その模様が一九四七年十二月十二日付の米国国防省化学部長宛の「細菌戦調査に関する概要報告」に記述されている。

ハルピンまたは日本における細菌戦研究に関して訊問を受けた者は次の通りである。

〈研究課題〉	〈被訊問者〉
エアゾル	タカハシマサヒコ、カネコジュンイチ
脾脱疽（ひだっそ）	オオタキヨシ
ボツリヌス菌	イシイシロウ
ブルセラ菌	イシイシロウ、ヤマノウチユウジロウ、オカモトコウゾウ、ハヤカワキヨシ
コレラ	イシカワタチオ、オカモトコウゾウ
除毒	ツヤマヨシフミ
赤痢	ウエダマサアキ、マスダトモサダ、コジマサブロウ、ホソヤショウゴ、タベイカナウ
フグ毒	マスダトモサダ
ガス壊疽（えそ）	イシイシロウ
馬鼻疽	イシイシロウ、イシカワタチオ
インフルエンザ	イシイシロウ
髄膜炎	イシイシロウ、イシカワタチオ

粘素（ムチン）　ウエダマサアキ、ウチノセンジ
ペスト　イシイシロウ、イシカワタチオ、タカハシマサヒコ、オカモトコウゾウ
植物病　ヤギサワユキマサ
サルモネラ　ハヤカワキヨシ、タベイカナウ
孫呉熱（そんご）　カサハラシロウ、キタノマサジ、イシカワタチオ
天然痘　イシイシロウ、イシカワタチオ
破傷風　イシイシロウ、ホソヤショウゴ、イシミツカオル
森林ダニ脳炎　カサハラシロウ、キタノマサジ
ツツガムシ病　カサハラシロウ
結　核　フタギヒデオ、イシイシロウ
野兎病（やと）　イシイシロウ
腸チフス　タベイカナウ、オカモトコウゾウ
発疹チフス　カサハラシロウ、アリタマサヨシ、ハマダトヨヒロ、キタノマサジ、イシカワタチオ

被訊問者が自発的に情報を提供したことは注目に値する。訊問を通して戦犯免罪保障の訴えは出されなかった。

提供された情報は、孫呉熱の臨床データを保存していたカサハラシロウを除いて被訊問者の

記憶に頼るものである。あらかじめ提出された日本の細菌戦研究報告におけるテーマについての追加情報だけでなく、報告はされていないが、日本人により集中的に研究された人体疾患に関する多くの情報を収集できた。

金沢の病理学的資料はイシカワタチオが一九四三年にハルピンから持ち帰ったもので約五百人の人体標本から成っているが、その中研究に有効に使用できるものは四百体であった。ハルピンにおける人体の解剖は、オカモトコウゾウによれば一九四五年に千体以下ということである。

オカモトコウゾウによれば八百五十件の標本記録があり、有効な資料を備えた四百一件と、資料不備な三百十七件がある。またオカモトは五百件以下をイシカワがハルピンから持ち帰ったと疑っている。

調査の結果集められた証拠は、この分野の従来の様相を補足拡大するものであり、日本人科学者が数百万ドルの費用と数年の研究をかけて得られたものである。

情報は細菌性伝染病の病源菌の接種(せっしゅ)によって示された人体罹患率(りかん)の結果として得られたものである。このような情報は人体実験につきまとう良心の咎(とが)めに阻まれて我々の実験室では得られないものである。

このデータを入手するためにかかった費用は二十五万円であり、実際の研究コストに比べればほんの端金(はしたがね)にすぎない。さらに収集された病理学上の資料はこの実験の性格を証明する唯一の物的証拠と成るので、これらの情報を自発的に提供してくれた人たちがトラブルに巻き込まれたり、情報が他に漏れたりすることのないようあらゆる努力をはらうように望む。

（キャンプ・デトリック Md 基礎科学主任エドウィン・V・ヒル）

おおむね以上の如く報告された後、一九四七年十月二十九日から十一月二十五日にかけて行なわれた個人面接調査の結果を次のように述べている。

ボツリヌス中毒　イシイシロウ

M実験は五人の実験材料に対して、二日間培養した菌を摂取（Be fed）させて行なわれた。二名が死亡した。

ブルセラ菌　イシイシロウ

M実験は二十人以上の実験材料に対する皮下注射により行なわれた。イシイは注射後波状的発熱が数か月継続したこと以外記憶がない。

ブルセラ菌　ヤマノウチユウジロウ

患者は一—四週間波状熱に襲われる。発熱中血液は陽転。（以下略）

その他五人に対するボツリヌス菌実験、二十人に対するブルセラ菌実験、皮下注射。

皮下注射および爆弾によるガス壊疽実験。

注射、吸入、鼻腔滴、肺内注射、咽頭塗布によるインフルエンザ実験。

満州にて自然発病体より採取されたウイルスを用いての天然痘実験。

二人の実験材料に対する破傷風実験。

十人の実験材料に対する注射による野兎病実験、その他、馬鼻疽、ペスト、結核、炭疽菌爆弾。
オオタキヨシ
瀋陽で炭疽菌実験を行なった。種は汚染地域の家畜および土壌から採取した。
タカハシマサヒコ
被爆室使用の噴霧実験、その他ペスト、炭疽菌、チフス、天然痘、馬鼻疽、結核、赤痢、ブルセラ菌、コレラ、孫呉熱。上記の実験に関してはカネコと協同した。
ツヤマヨシフミ
装置および人員の汚染浄化。
ウエダマサアキ
赤痢（志賀菌、フレキシナー菌、Y型菌）
マスダトモノブ
赤痢（志賀菌、フレキシナー菌、Y型菌）、フグ毒、炭疽菌爆弾。

黒幕の構図

「わかったでしょう……アメリカ合衆国の立場は、明白でした。つまり七三一部隊の細菌戦データは、当時世界中で最もすぐれたものだった……だからアメリカ軍当局はいかなる国にも七三一のデータを知られたくなかった。最も親しい同盟国のイギリス政府にも知られたくなかった……他のGHQ文書はこうした状況を示しています」

とパウエルはいった。

「極秘」とスタンプのある文書には、これまでに同文書を閲覧した国防総省（ペンタゴン）の将校、担当官の氏名が列記されていた。

ジョージ・A・バートレット。M・C・グリソン。メアリー・ハミルトン。M・D・フランクス。中には「P・I・B」と略号しか記入していない将校もいる。

「つまり、これは諜報（インテリジェンス）チャンネルのメンバーだと考えてよい。秘密文書ですから、限られた人間でないと閲覧できなかったはずだ」とパウエル。

議論は翌日に持ち越され、再度パウエル家において、終日情報交換された。

「石井四郎の戦争犯罪を免罪にした背後には、ウィロビー少将の進言が一役買っている。ウィロビーは、マッカーサー司令官に、『ソ連軍は石井四郎らの逮捕訊問を要求しているが、われわれは全力で妨害すべきである』と言ったのです。……あなたはウィロビーを知っていますか？」

とパウエルは問いかけた。

ウィロビー少将。GHQ＝G2（参謀第二部）の頭領として、戦後日本に君臨したこの軍人の名は、当時の日本人の記憶に刻まれている。

戦後、日本に上陸した米軍は多数の諜報（ちょうほう）部隊を全国に配置した。諜報部隊はCICと呼ばれ、米軍は西から九州、中国、近畿、東海、関東甲信越、東北、北海道の七軍管区にCIC地方本部を置いた。

CICを統率したのがGHQ＝G2でありG2の長であったウィロビー少将である。ウィロビーはCICを駆使して日本政財界、労働界、文化界の情報を集める一方、旧日本陸軍の高級将校と接触し、人脈を温存しながら、日本を〝反共の防波堤〟にするため彼らを活用した。

ウィロビーの下で右翼の三浦義一、児玉誉士夫らが諜報活動に従事していた。謀略破壊活動で悪名高いキャノン機関も、G2直属の諜報機関であった。下山、三鷹、松川の〝戦後三大謀略事件〟の裏にはG2が糸を引いたとされている。

一説によると終戦直後、東京・四谷駅前の旅館「福田家」、西銀座のクラブ「ロマンス」、渋谷のカフェー「赤星」は、それぞれ旧日本海軍高級将校、旧陸軍中野学校卒業の諜報将校、旧朝鮮軍司令部付将校たちの秘密アジトになっていたということである。これらのアジトはG2が掌握していた。G2アジトの一つに東京・新宿区若松町の旅館「若松荘」があった。「若松荘」には、第七三一部隊の石井四郎以下の将校が出入りしていたという。――

「ウィロビーは、日本人を軽侮して『ジャップ』と呼び、石井四郎や北野政次らを軽蔑して『ジャップの奴ら』と書いている。またウィロビーは、ロシア人を『ロス』と侮蔑語で呼んでいたのです」

「C・A・W……これはウィロビー少将の花押です。ウィロビーのフルネームはCHARLES・A・WILLOUGHBY。C・A・Wは頭文字を綴り合わせたもので、ウィロビーはドイツ生まれのアメリカ人です。有色人種嫌い、ユダヤ人嫌いで通り、マッカーサー元帥を取り巻く側近の一人でした……」

ジョン・パウエルによれば、ウィロビー少将の徹底した妨害によって、ソ連側は石井、北野ら七三一幹部の訊問を行なうことができなかったのではないかという。なぜならば、「GHQ文書の中に、ソ連側が訊問に成功したことを示唆するような記録はなに一つない」からだ……。

この間の米ソのやりとりがGHQ文書に次のように記述されている。

一九四七年三月三十日ウィロビーよりサクトン大佐宛に発した文書では十一項目の指示を出し、その中、

――第六項、これは（石井部隊要人の引渡し要求）は明らかにロスの仕掛けた罠（フェイク）である。彼らは戦争に五日間しか参加しなかったにもかかわらず、これらの人物を手中に納め合衆国の管理下から連れ去ろうと策動している。

第十一項、このような姿勢をデルビヤンコ（ソ連軍司令官）への書簡で取るべきである。

――としている。公文書にしてはかなり感情的な文体である。

ウィロビーの意をうけてジョン・B・クーリー大佐、軍務局長（あるいは副官）は最高司令官の代理でデルビヤンコ中将宛に四月十日付手紙を出し、その第二項において「元日本軍石井将軍と太田大佐はソ連側に引き渡すことはできない。それは日本軍が中国人または満州人に対して犯したとされている戦争犯罪がソ連側と利害関係を有する明確な証拠が見られないからである」と端的に拒絶した。

一九四七年三月二十七日付参謀本部宛保存文書は「ソ連側は連日の詮索において非常に執拗

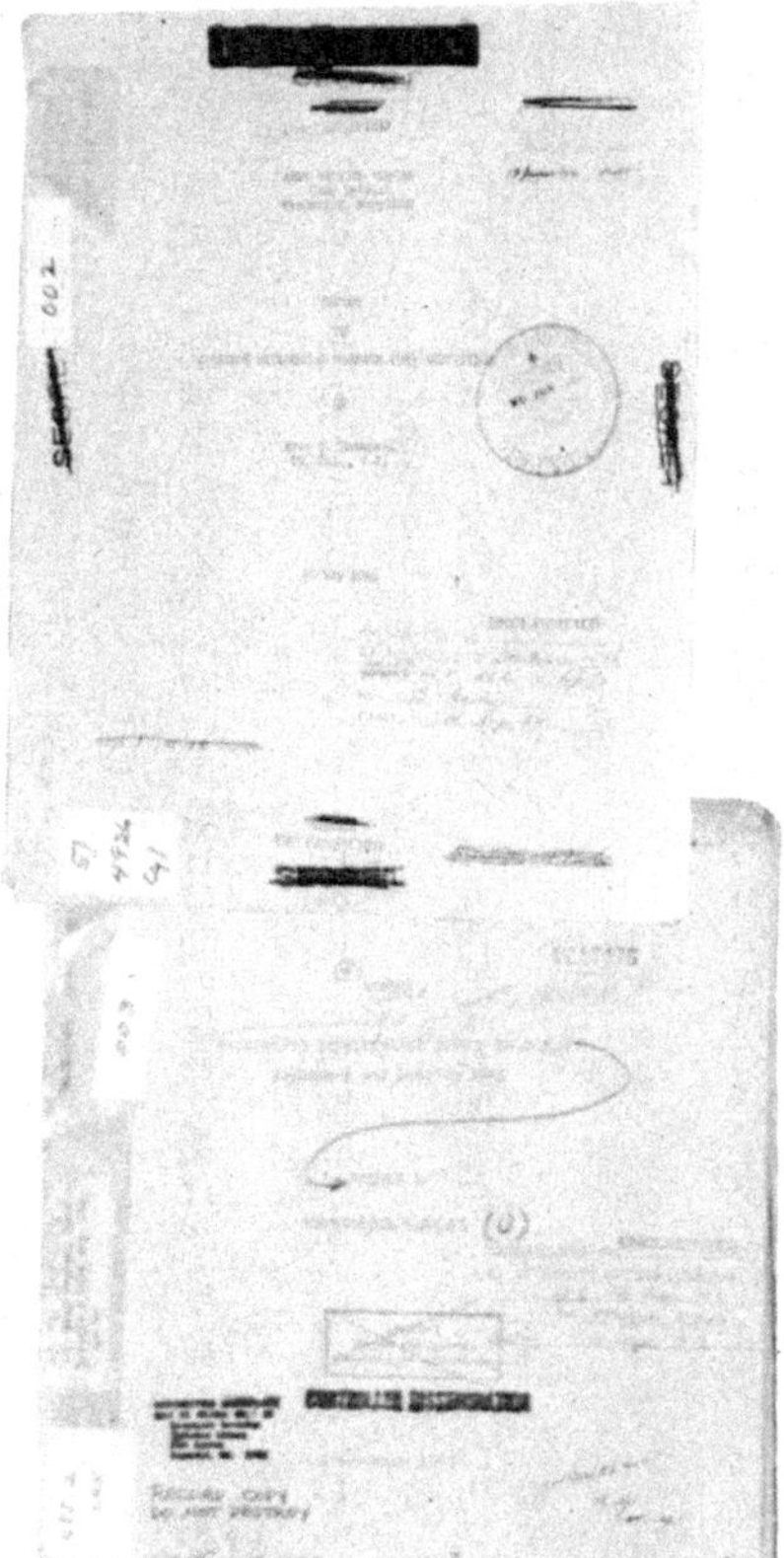

ペンタゴン（米国防総省）に保管されている「サンダース・レポート」（一九四五年十一月一日―写真（下））と「トムプソン・レポート」（一九四六年五月三十一日―写真（上））。トムプソンは、一九四六年一月から三月にかけて石井四郎を訊問したキャンプ・デトリックの幹部である。レポートの内容は、本書によって初めて全世界に公開されるものであり、七三一の細菌戦技術が海を越えて米国陸軍にわたったことを示す資料である。

であったので不愉快な状態になった――」と記録している。

パウエルは米国情報公開法にもとづき、ワシントンの国立公文書館に出掛け、九千枚余のGHQ文書について、せっせとコピーを取った。

だが、第七三一部隊をめぐる米国政府―GHQ間の秘密文書は、九千枚の中にわずか五十枚しか含まれていなかった。

「毎日、私は書類の山と格闘しました……しかし、二百枚に付き一枚ぐらいしか目当てのものが出てこない……いささかがっかりしました」

コピー代は一枚十セントなので、これまで計九百ドルを使った――とパウエルは苦笑しながら話を続けた。

フェル・レポートの鍵

三日間にわたる白熱した討論の結果、一人の重要な男が浮かび上がってきた。

男の名は、ドクター・ノバート・フェル（Dr. Norbert H. Fell)。ドクターを名乗るからには医学博士かなにかであろう。フェルの出身地も、出身学校も現在の生死も不明である。

判明しているのは、ノバート・フェルが、一九四七年（昭和二十二年）四月中旬から六月にかけて日本に滞在し、石井四郎、北野政次らの訊問に当たった男だという事実である。

フェルについての手掛かりはなにもないのか？……彼はどのようないきさつで、石井らの訊問を担当する破目になったのか？

質問に対し、パウエルは肩をすくめた。

「おお、ミスター・ノバート・フェルはフォート・デトリックではたらいていた米陸軍化学部隊の幹部だった」

フォート・デトリックは、米国メリーランド州のフレデリックという小さな市にある。フォートは要塞の意味であるが、米国内では半永久的な軍事基地をフォート、臨時の軍事基地をキャンプと呼称を使い分けるので、デトリック基地は戦前から戦後にかけて一貫した軍施設であるとわかる。

「フォート・デトリック……かつては米陸軍細菌戦研究所が置かれてあったところだ」

とパウエルは言い、一葉の奇妙な写真を示した。金属とゴム製の長い手袋で、指先部分が小動物を入れた容器の中に突き出ており、キャビネットと外界は遮断されている。

「フォート・デトリックにはこんな腕と箱がある。キャビネットの外から腕を差し入れ、指先部分を動かして細菌実験のネズミやウサギを操作するためだと聞いた……キャビネットの中には、細菌で汚染された小動物が収容されているので、感染防止のために、外部から操作する仕組みになっています」

今は細菌戦の研究は中止となっているが、U・S・AM・R・I・Dの施設であるはずだ――「U・S・AM」は米国陸軍、「R・I・D」はR＝リサーチ（研究）、I＝インフェクション（伝染）、D＝ディジーズ（病気）を表わす、とパウエルは言い、

「ペンタゴンと密接な関係を持っている軍事基地だが、中に入れないことはない。一応、だ

れでも基地立ち入りはOKだろう」

と結んだ。

ノバート・フェルについてパウエルの示した記録文書W95265一九四七年四月一日には
――CWS(化学戦部)はノバート・H・フェル博士を訊問を行なう人物として選出した。二人必要であるという要請がなされないかぎり訊問官は一人で充分と思料される。フェル博士は四月五日ワシントン出発予定。――また同年六月三十日C53704の文書には――戦争犯罪に関してはフェル博士に相談すべきである。彼は熟練した調査官であり、それに関する最新情報をもっている。――と記録されているだけである。

ノバート・フェル博士は、フォート・デトリックの幹部職員だった。フェルは石井四郎らを訊問した。その記録があるとすれば……。

一片の疑問がわいた。

「パウエルさん……ノバート・フェルが石井を訊問した際に何語を使ったと思いますか？日本語でなければ七三一幹部には通じなかったでしょう。日本人は、英語の読み書きはできても、話したり聞いたりは苦手だから……」

パウエルは、質問の意味がわからないらしく、けげんそうに眉根(まゆね)を寄せた。

「もし……石井らへの訊問が日本語で行なわれており、フェルが日本語を話せなかったと仮定すれば……だれが通訳を担当したのでしょうか？」

「おお、……それは日本人でしょう」

「その日本人とは軍属ですか？」

「多分そうだ。私は戦争中、軍の宣伝（プロパガンダ）の仕事をしていたからわかるが、米軍が綿密に資料を入手する場合、訊問はすべてアメリカ軍の軍属が通訳する。日本人を現地で雇うことはあまりしない」

「すると……日本語の達者な米軍属がいたとして、石井らの訊問に立ち会った人間は日本人だった可能性がありますね」

「日系一世！」

パウエルは大きな声を出した。

「そうです……GHQと七三一の間に入った通訳の日系一世を探し出すことはできないでしょうか？」

「いや、アメリカ国内での日系一世の社会は広いようで意外と狭いかもしれない……あなたはいいところに着眼した。石井とGHQの間で通訳をした人間は……当時三十歳としても六十代か。しかし、名前も住所もわからんのでしょう」

「ええ。ですがやってみましょう。広いアメリカだけれど、戦後日本のGHQに勤務した日本人をつぎつぎ手繰れば、意外な手掛かりが得られるかもしれない。日本人同士だから口を開いてくれる可能性は大きい……」

母国と祖国の谷間

第七三一部隊石井四郎軍医中将らと米陸軍フォート・デトリック幹部、ノバート・フェルの会話・訊問を通訳した日系一世を探してみる——とジョン・パウエルに語ったものの、成算はまったくなかった。

サンフランシスコ市内の日系一世〝人脈〟を手掛かりに、シカゴ市に飛んだ。

日系一世の紹介のバトンだけを頼りに、巨大なビルが墓石のように林立するシカゴ市内からデトロイト市へ、あてどのない探索が続いた。

何人もの日系一世たちと会い、靴の先が寒さにしびれはじめたころ、ようやく一世が、GHQ通訳として活動するに至る、戦前から戦後の状況がおぼろげながら呑みこめてきた。——

戦前の米国西海岸——ロサンゼルス市を中心とした——には約十一万二千人の日系人が住んでいた。うち三分の一、四万人弱が日系一世である。彼らのほとんどは米国国内法の制限を受け、日本国籍であった。勤勉な日系一世の多くは、カリフォルニア州の荒地を開拓して農場を開き、商業を営んでいた。日米開戦前、日系移民はカリフォルニアの生鮮農産物の小売り販売網を独占し、同州の農作物の四割近くを扱っていた。

一九四一年(昭和十六年)十二月八日の日本海軍による真珠湾攻撃は、日系移民たちの生活を根底からくつがえした。米国政府が米国民の戦意高揚のため、「日系人は敵性民族であり、狂信的である」とキャンペーンを開始したからである。

「日本人は不急不要の外出を禁ず。また各職場への通勤も禁ず。通学、買い物は家より五マ

櫛の歯を逆さに立てたように高層ビルが林立するニューヨーク・マンハッタン地区。(撮影・下里正樹)

イルの範囲内に限定する」

ロサンゼルス市では市長と警察署長の連名で日系人全世帯に〝通達〟が下された。街路を歩く日系人に、卵が投げつけられ、通行人から唾(つば)が吐きかけられるようになった。市民から日本人とまちがえられての暴行を避けるため在留中国人や朝鮮人は「私は中国人である」「朝鮮人である」と書いたワッペンを胸につけ、〝自衛〟した。

「全日系住民の即時収容」が米国大統領によって決定されたのは、一九四二年二月のことである。決定と同時に、強制収容所への全日系人強制収容が強行された。すべての日系人は一人手荷物二個の制限を受け、農場、店舗、オフィスをそのまま明け渡し、立ち退きを迫られた。

日系人の行く先は米国中部を中心にアリゾナ、アーカンソー、コロラド、アイダホなど、各州の九箇所に建てられた強制収容所であった。学校もない山の中に家族ぐるみ閉じこめ、米国社会から隔離する非人道的な政策が強行されたのである。

砂漠、沼地、インディアン居留地に、有刺鉄線に囲まれたバラックが建設された。約十万人の日系人が有無をいわさず、強制収容所に放りこまれた。

「カリフォルニアからテキサスを通り、アーカンソーの強制収容所まで四日間はたっぷりかかった……列車の中で食べ物がなくなり、腹をへらして停車駅近くの商店街へ行くと、Don't bazaar to Jap！（日本人には売らない）と貼り紙がしてあり、なにも売ってはくれなかった。日系人は、妻子を連れたまま家畜のように列車に詰めこまれた。情けなくて涙が出たものだ」

日系一世A氏の述懐である。

強制収容所から日系人が〝出所〟できるようになったのは、日本の敗色濃厚となった一九四四年（昭和十九年）のことである。ただし、西海岸方面への移住は厳禁する、東海岸沿いの都市ならば、知人（米国人）の保証があるかぎり、移住自由――が、米国政府の出した通達であった。

西海岸は太平洋を隔てて日本列島と向かい合っている。米国政府に反感を持つ日本人が、日本を利する諜報破壊活動に走ることのないように期す。これが、「西海岸方面への移住厳禁」の趣旨であった。

科学的諜報部「ドノヴァン機関」

収容所を出て東部諸都市に移住した日系一世の中に、二十代後半から三十代前半の人びとがいた。米国での一旗を狙って、滞米生活の最中に日米開戦を迎えた日本人である。日系一世と呼ぶのは、あるいは適切ではないかもしれない。

日本降伏は向こう一年の間と観測された一九四四年の夏、ペンタゴンは、日本占領に備えてこうした〝日系一世〟に目をつけた。日本政府に対する狂信的忠誠心を持たず、アメリカ本国への永住を希望している〝日系一世〟を調べ上げたうえで、勧誘の触手がのびた。ペンタゴン（米国防総省）で働かないかというのである。

若き〝日系一世〟への勧誘は、ペンタゴンからだけではなかった。ＯＳＳ（国務省戦略活動局）からも勧誘がきた。

ＯＳＳとは、Office of Strategic Service の略である。

ＯＳＳは、日米開戦の五か月前、ルーズベルト大統領の命を受けた、ウィリアム・Ｊ・ドノヴァン大佐（のちに少将になった）が新設した諜報機関である。

「ドノヴァン機関」とも呼ばれたその組織は、従来の古典的なスパイ養成―敵地潜入―情報収集といったやり方を改め、広く民間の経済学・語学・心理学・工学などのエキスパートを構成員にした、総合的な情報処理によって敵国情を探るという、まったく新しい科学的諜報システムであった。

ＯＳＳは、ＦＢＩ（連邦捜査局）と連絡を取って多くの〝日系一世〟の身元を調査し、一人また一人とドノヴァン機関に引き入れた。

戦後、GHQ＝G2セクション（参謀第二部）に籍を置き、CIC要員として通訳の任務についた日本人（米軍軍属）の多くは、元ドノヴァン機関〝日系一世〟メンバーであった。

以上が、米国滞在中におぼろげながら浮かび上がってきた「GHQ通訳誕生のいきさつ」である。――


――かつてニューヨークの国連本部事務局に勤務していたE氏は、元OSSメンバーで終戦直後、日本にも渡った人物だという……。

耳よりの情報がとびこんできたのはシカゴ滞在三日目の夜である。調査する側の熱意がしだいに周囲に伝染し、日系一世たちの口から口へと問い合わせの環が広がった。中にはシカゴ―ロサンゼルス、シスコ―ボストン、コネチカットと日系一世の友人を探し、何度も長距離電話を掛けてくれた老人もいる。

元OSSメンバーE氏を探してニューヨークに飛び、国連本部事務局をたずね、押し問答を繰り返しているうちに、日時は経過していく。

――石井四郎の訊問に立ち会っていた日系一世通訳を探すことなど、三十数年前の大戦の亡霊を探すようなものである。しょせんは徒労か……。

弱気に傾きながら風に舞う雪の中をニューヨーク市内レキシントン大通りのホテルへ戻ってみると、一通の電話のメッセージが届いていた。

清掃労働者のストライキで、クリスマス・シーズン中のニューヨーク市内は、いたるところゴミの山であった。（一九八一年十二月。撮影・下里正樹）

「E氏ではないが、おたずねの日本人関係者らしき人物が、ニューヨーク州ロングアイランドの一角、N——町付近にいる模様。U・U氏がその人である」

シカゴの日系一世たちからの、心暖まるメッセージであった。いや、あるいはロサンゼルス在住の見知らぬ日系一世たちの尽力かもしれなかった。このような多数日系一世による協力のピラミッドの頂上にこれから会うべきU・U氏がいた。

石井四郎の〝復活〟

「私は、あなたがおたずねの日本人ゼネラル（将官）の通訳をした記憶がありますよ」

席に着くと開口一番、U・U氏は言った。剛（こわ）そうな長い眉毛も今は白く、顔面は日焼けしている。目は大きく、右の耳（みみ）

朶(たぶ)がない。笑うと口元に深い縦皺(たてじわ)が何本も刻まれた。

「石井四郎ですか！」

声が大きくなった。

「ああ……石井といったたな、たしか。背の高い、ひげ面の大男だった……ように覚えているがね」

「ええ、背が高い大男でした」

「彼は病気だったろう……一九四六年の夏から四七年の夏までの一年間は」

「病気？……石井部隊長は健康そのものだったように思われますが……」

「いや、病気だったよ、たしかに。訊問は彼の自宅に出張することもあったんじゃないか。もう三十五年も前のことだから、はっきりとは断言できないが……」

「どんな病気でしたか？」

「さあ……そこまでは覚えていないが、一度だけ（写真＝**注**＝をみて）そうそう。こういう顔だったな……私が通訳に立ち会った訊問は、東京・丸(まる)の内(うち)・郵船ビルの中で行なわれたと記憶している」

注・ここに出てくる写真とは、『新版　悪魔の飽食』の二五一ページにある石井四郎軍医中将のポートレートである。

郵船ビル……まぎれもなく当時のG2の本拠地である。

「私はかつて終戦前にはOSSにいましたからねえ……同僚の日系一世はほとんど死んでいますね。タナカ、トモスエ、イナ……いいやつばかりだったが……OSSに勤務するようになったのは一九四四年十月だった。日本の短波放送を聞くことが、第一の仕事だった……ラジオで聞くかぎり、日本はえらく物資欠乏に苦しんでいる様子だったな。松の根ッ子で油を取るとか、サツマイモの蔓からアルコールを取るとかいう……祖国も貧乏しているなァと思った」

U・U氏の語るG2・通訳の履歴は「松の根で油を取る」話からはじまった。

谷間からの証言

問　あなたがOSS（米国務省戦略活動局）に勤務したのはどのようないきさつからか。

答　一九四四年（昭和十九年）の二月、JICから家に二人の大佐がやってきた。JICというのはJoint Intelligence Committee（統合情報委員会）の略称で、ペンタゴンが統括し、大統領に直結していた情報組織であった。JICの下に、海軍情報部、陸軍情報部、空軍参謀本部情報部、国務省、戦略活動局（OSS）、対外経済管理局（FEA）が参加していた。わが家にやってきたのは、陸軍、空軍の情報将校が一人ずつ。彼らは手にFBI（米国連邦捜査局）の作った分厚な書類綴りを持っていた。

問　FBI？……あなたには犯罪歴があったのか。

答　私にはなんら前科はない。FBIが持っていたのは、私の身上調査書だった。FBIは、私がいつ結婚し、ハネムーンはどこに行き、日系人強制収容所でどんな言動をしたか等々を詳細に調べ上げていた。FBIの調査記録をもとに、二人の情報将校はうむを言わせぬ命令同然の説得で、私をOSSに引っ張り出そうとした。一週間後、私は経費のすべてをOSS負担の形でワシントンに向かい、ジョージ・ワシントン大学の宿舎に泊められた。OSSの上級将校から、連日訊問された。

問 訊問の内容は？

答 なぜOSSの勤務員になることを了承したのか。アメリカと日本の戦争をどう思うか。こんな内容であった。私は次のとおり答えた。

「私は生粋の日本人であり、日本を愛している。日本語は自在に話せるうえ、日本人の心理にも通じている。同時に、アメリカに対しては、長年の商業活動や、私の勉学を通し、また妻子の生国でもあり恩義を感じている。私はアメリカと母国日本が戦争することを、悲しくおもっている。私の日本語能力を戦争終結に役立てることができれば本望である」

数人の将校に同じことを尋ねられたが、私は同じ答えを返した。これは私の本音でもあった。

問 OSSでの主要な仕事は？

答 強力な受信装置で日本の国内放送を聞き、内容から推測される日本国内の人心の動きをメモにし、自分の意見をつけて上司に提出することであった。私の記憶するところによれば、当時、東京・大阪を中心に歌舞伎座などの興行がストップとなり、都市住民は雑炊が常食となったこと、および「宿敵米英を撃て」という調子の戦意高揚本がよく売れている半面、「竹槍では間に合わん、飛行機をつくって反撃しなければだめだ」という新聞記事が掲載され、〃国民精神総動員〟に対するマスコミの批判が出はじめている状況などである。

「米食を愛する日本国民が雑炊を食べているようでは、食糧不足がかなり深刻になっていると推測できる。芝居を上演しないようでは、多くの国民の心は戦争指導者から離反する一方となるだろう。自由な批判や提案を禁止し、スローガンを押しつけるだけでは、日本国民の経験豊富な世代、すなわち中・高年者は早晩政府批判に回るとみられるが、表立った発言行動は投獄につながるため、労動怠慢(サボタージュ)が諸分野に広がると予測される」

というような意見(コメント)をつけて、毎日のようにOSS上層部にレポートを提出した……。

元OSS軍属U・U氏へのインタビューを通し、「日系一世通訳」のたどった数奇な運命の軌跡が浮かび上がってきた。U・U氏の話を以下要約する。――

母国への反攻日「Xデー」

――一九四五年（昭和二十年）の春、OSS勤務の〝日系一世〟軍属に、サンフランシスコ市モントレート兵営への配転命令が下った。モントレート兵営に出頭した日系軍属たちは総勢約四百人。待遇は良かったが、与えられた任務はきびしいものであった。

――これは終戦秘話の一つで、どこにも書かれていないことであるが、米軍は日本本土上陸を一九四五年九月の「Xデー」と決定していた。上陸地点を相模(さがみ)湾方面軍が小田原(おだわら)、横須賀(よこすか)。東京湾方面軍が横浜、東京。仙台方面軍は仙台湾から仙台と釜石(かまいし)。日本海方面軍は金沢として各主要都市を占領する。このほか九州の二か所など日本列島に計十二の上陸目標地を設定していた。OSSから配属された〝日系一世〟軍属は、モントレート兵営で徹底した上陸演習および情報戦の訓練を受けた。

――〝日系一世〟軍属は一部隊（ユニット）二十五―三十人に編成された。ユニットの内訳は車両の運転手、軍曹、情報将校、アナウンサー、印刷担当などであった。十二上陸地点に対して十二ユニットが編成された。〝日系一世〟軍属たちは、目標地点となった都市町村の模型を繰り返しみせられた。単なる模型ではない。都市市街の道路、家並み、主要官庁、交通機関、商店等々を詳細になぞったミニチュア・セットであった。

――たとえば仙台市の市長自宅はどこにあり、商店街の魚屋の隣りは米屋で、二軒置いて古着屋がある……といった具合に、セットは当該目標都市をそのまま忠実に縮小再現していた。驚くべきことにOSSは、各町内の実力者名や、地方都市の有力な門閥まで正確に調べ上げていた。〝日系一世〟軍属たちは、目標都市ごとのデータを暗記するように命令を受けた。

――訓練の内容は、上陸用舟艇に強力なマイクロフォンと印刷機械を装備した車両（トラック）を積み、上陸地点から直ちに市街地に乗りこんで、宣撫（せんぶ）放送を行なうというものであった。

「仙台市の皆様、静かにこの放送を聞いていただきたい。われわれはあなた方を迫害にきたのではありません、保護するためにきたのです。食料と薬品を用意しています。私たちは友好を望みます」

といった原稿をなめらかに、市民に安心感を与える音声で朗読放送する訓練である。また一夜に数千枚のビラを作り、市街地に配布する訓練もあった。もちろん、日本兵から狙撃(そげき)された場合の応戦訓練もあった。

「一九四五年の九月X日……米軍は数日前から徹底した艦砲射撃と空爆で仙台市を叩いておいて、海兵隊(マリーン)と陸軍(アーミー)を上陸させ、市街を占領する……その直後にわれわれ情報戦のユニットが進出し、町内を隈なく回り、宣伝工作を展開するという作戦であった。九月のXデーは……二十日だったと思うが、はっきりしない」

U・U氏の回想である。

モントレート兵営に配置されたOSS〝日系一世〟軍属たちは、驚くべき秘密を知った。それは、当時日本の各地に点在する情報提供者の存在である。情報提供者とは、アメリカのために空襲目標、空襲の戦果、人心の動向、物資の生産移動状況を刻々知らせる日本人、つまり内通者である。一九四四年の夏、OSSは日本国内に、政府高官をも含む「かなり多く」の情報提供者を保持していたという。

OSSの情報収集能力は驚嘆すべき正確さをもっていた。

①天皇を逮捕し停戦命令を出させれば、ほとんどの軍人は抵抗を中止するだろう。

②そのため軍部は米軍上陸と同時に、天皇を長野県下のマッシロか三浦(みうら)半島の要塞地帯に逃亡させようとするだろう。

③一般の民衆はほとんど無抵抗であり、食料と薬品さえ渡してやれば、米軍に手向かうことは

しないだろう。

④天皇は逃亡するであろうが、居場所は即座に判明し、逮捕は容易だろう――などの〝分析〟がOSS要員に伝えられていたという。

だが、当時の日本軍部は本土決戦を呼号し「一億玉砕も辞せず」を唱えていた。〝日系一世〟軍属らの情報作戦は、日本軍の死に物狂いの抵抗を受ける可能性が大きい。一九四五年の夏に入ると多くの〝日系一世〟たちは、故郷の妻女に長距離電話を掛け、「任務の内容は言えないが、もしかすると最悪の場合もあり得る」と別れを告げた。電話口の向こうで、啜り泣く声が聞こえた。

特殊訓練が四か月続き、「Xデー」が刻一刻と近づいた八月十五日、日本政府はポツダム宣言受諾を発表し、無条件降伏に応じた。戦争は終わった。モントレート兵営からは〝日系一世〟たちの歓声が上がった。――

故郷へ帰ったU・U氏らに、新しい任務が下った。日本占領軍の一員として日本へ向かえというのである。輸送船でシアトル港を出発したのは一九四六年（昭和二十一年）六月のことであった。二週間の船旅の後横浜港に着いた。ほぼ二十年ぶりに踏む母国の土だったが、不思議にセンチメンタルな感慨はなかった。

横浜から東京に向かうバスの中に多数の〝日系一世〟がいた。彼らはGHQ＝G2（参謀第二部）直属の通訳であった。

「バスの窓から川崎、大森一帯をみると一木一草も見えない焼け野原だった。ひどいものだ

千葉県芝山町（戦前は山武郡千代田村大里）にあった石井家の邸宅図。「石井桂」とあるのは石井四郎軍医中将の父親。石井家は地主であり、造り酒屋でもあった。

と思った……こんなことになるのならば日米開戦前に、狂信的な日本軍将校たちを米国に招待し、米国本土を見せてやればと思った……アメリカという国の広さと資源の豊かさや、強大な国力を知れば、アメリカを相手に戦争することが、いかに自殺的行為であるかが、容易にわかっただろう」

〝日系一世〟たちの言葉である。

通訳たちの勤務場所は、東京・丸の内の郵船ビルであった。ビルにはGHQ＝G2の本部が置かれてあり、G2の長はウィロビー少将であった。

通訳たちは当初、日本の新聞や雑誌を英語に翻訳し、G2司令部に提出するのが仕事であった。宿舎には東京・八重洲ビルが当てられた。

一九四六年の夏になって、G2と旧日本軍将校多数の〝接触〟がはじまった。〝日系一世〟通訳たちの仕事は、にわかに繁忙をきわめた。U・U氏もその一人であった。

一九四七年の六月ごろだったというが、U・U氏に月日の正確な記憶はない。ある雨の日に郵船ビルにひげ面の大男が召喚された。大男の顔色は悪く「寒気がするので、えり巻きをつけたままでいることを許してもらいたい」と言った。石井四郎軍医中将であった。――

「米軍側の訊問者がだれであったかは忘れてしまった。郵船ビルの六階一室が訊問場所に当てられたと記憶している。石井は『満州で細菌兵器の研究をしていたことは、すでに提出した報告書のとおりである』という意味のことをさかんに言っていた……ペストにかかった成人男子に重い砂袋を背負わせ、歩かせると何メートルを歩行することができた、というようなことを得々としゃべっていたのが印象的だった。一般に通訳が会話の内容を記憶に留めることはあまりないのだが、石井の話は人間として異常感覚にみちたものだったから、私は覚えている」

U・U氏の証言によれば、石井四郎への訊問は「紳士的に行なわれた」。

「石井の話を聞いて、日本軍はひどいことをしたものだと思った。自分一人井の中の蛙となって、独善に陥り、細菌を生きた人間に植えつけてテストし、戦争に使おうという発想に至った日本陸軍の姿は滑稽としか表現しようのないもので……おなじ日本人として、訊問中、恥ずかしい思いをした」

U・U氏の回想によれば、石井四郎が郵船ビルに現われたのは、この時がはじめてではなかったようだ、と言う。石井はすでに何回も米軍当局の呼び出しを受けており、米軍当局に詳細

千葉県芝山町（戦前は山武郡千代田村）にある石井一族の墓所。石井四兄弟はすべて死亡し、生家はとりこわされ、現在は空地となっている。

なレポートを提出していた様子がうかがえた。

「ゼネラル石井とGHQの接触はかなり早くにはじまっており、GHQは何度も石井の自宅に出張訊問を行なっていたのではなかったか……私は一度しか石井の通訳に立ち会っていないが、そのように承知している」

とU・U氏はいう。

地下に潜った七三一

ここで、第七三一部隊が平房から撤収した直後の、石井四郎軍医中将について述べる。石井四郎の戦後の行動は謎に包まれている。

元隊員の話によれば、七三一撤退の直前、石井部隊長は運輸班に命令を出した。

「吉林省通化（つうか）に向け、最高性能のトラックを一台準備せよ。部隊長が搭乗する」という命を受けた運輸班は、直ちにフォード社製トラックの荷台へドラム缶十本分の燃料を積載し、発車用意（スタンバイ）していた。

だが、石井部隊長はこの命令を撤回した。運輸班が用意した車両は用いられることのないまま、爆破されたのである。

元隊員らはこの後、いくつかの地点で石井四郎軍医中将の姿を見ている。新京の手前で、あるいは奉天（瀋陽）で、あるいは通化で、また朝鮮の釜山（ふざん）で台湾で「石井部隊長の姿を見た」という元隊員や関係者も多い。

U・U氏の証言と第七三一部隊関係者の回想を総合したうえで、終戦前後の石井四郎軍医中将の軌跡を、私は次のように推理する。

①ソ連軍が進攻を開始した一九四五年八月九日、石井部隊長は航空機で新京（長春）に飛んだ。関東軍司令部の電話を使い、牡丹江、林口（りんこう）、孫呉、海拉爾（ハイラル）等の各支部に細菌戦犯罪の証拠隠滅等を指示した。

②前記支部のほか、七三一は大連に満鉄衛生研究所という秘密支部を持っていた。また吉林省通化には、数か月前から「ろ号作戦」により移動させておいた膨大な資料と資材があった。石井四郎はこうした物資の焼却、改めての撤収作業について指示を出したのち、七三一に引き返した。

③石井は七三一部隊将兵、軍属、家族を積んだ特別列車がハルピン市を出た後、列車の上空を軍用機で追い越し、一足先に釜山飛行場に着いた。

④釜山から石井はかねてより確保していた日本海軍の駆逐艦で日本内地へ引き揚げた。その際、石井四郎は東京・新宿区若松町の陸軍防疫研究所や、京都帝大、金沢医大等に分散していた「丸太」標本の処分を指揮した。

⑤同時に石井は金沢医大の付近に「第七三一部隊内地本部」を〝開設〟した。

七三一戦後本部

終戦の直後、一九四五年八月十九日のことである。金沢市小坂町東一番地所在の野間神社に、軍属服を着た数人の男がやってきた。

応対に出た宮司に、男たちは次のような口上を述べた。

「自分たちは舞鶴港に引き揚げてきた陸軍のさる部隊の者だが、金沢市内に入ったところ、どこにも泊めてくれる宿がなく難渋している。食糧等は豊富に持っており、迷惑を掛けることはないので、しばらく当神社の一隅に宿をお貸し願えないか」

野間神社は金沢市河北一郡の総社（郷社）として知られた由緒ある古社である。石造りの大鳥居をくぐると境内には亭々とした松柏がそびえ、苔むした石灯籠と青銅葺きの屋根をさしかけた手水舎がある。急傾斜の石段に導かれて、白木造りの本殿と朱塗りの小祠の前に出る。

軍属服の男たちが訪ねてきたのは、本殿横の社務所兼宮司宅であった。

宮司の記憶によれば、男たちの言動は穏やかで、軍人臭がなく、内地に引き揚げてきた〝宿無し部隊〟の困窮がうかがわれた。当時金沢市内には陸軍第七聯隊が駐屯していたが、命令系統や部隊所属等のちがいにより、世話になりにくい事情があるのだろう、と宮司は判断した。

金沢は戦災を免れた数少ない地方都市の一つである。復員基地の舞鶴の近くであったので、宿を求める人間が市内にあふれ、終戦直後、一部隊をそっくり収容できる旅宿はなかった。困っているときは相身互いである。神社が敗残〝皇軍〟の一時宿泊所になるのも終戦の混乱ゆえである。宮司は、男たちの申し出に承諾を与えた。男たちは部隊名を名乗らなかったが、総員二十人余り、社務所二階を開放して宿泊所に当てた。

宮司の承諾を得た後、部隊の行動は迅速であった。その日の夕刻にかかるころ隊員を乗せたトラックが野間神社に到着した。トラックは一台だけではなかった。何台もの車両が、隊員と相前後して神社大鳥居の下に横づけとなった。時ならぬ郷社への部隊到着は、付近の氏子たちを驚かせた。

トラックから下ろされてきた品物を見て、氏子たちは目をむいた。

まず、数十個の叺や袋に入った米があった。麦、豆、塩もあった。大樽に入った味噌や、陶器入りの醤油があった。十袋や二十袋ではない。山のような量である。食糧不足に悩む国民をよそに、軍隊には豊富な物資があると聞いてはいたものの、道路上に積まれる食糧の山は、氏子たちの羨望をそそった。

中でも氏子たちの目に豪勢と映ったのは、紙袋に詰まった砂糖や、ぶどう糖の粉末であった。甘味に飢えていた氏子たちは、ぶどう糖の堆い集積に目を見張った。

「トラックは物資を下ろすと、すぐにシートを掛けて立ち去った。数時間後再びおなじトラックが戻ってきた……次はなにが出てくるだろうと見ていると、新品のシンガー・ミシンが何十台も荷台から下りてくる……マニラ麻で編んだ新品のロープが何十束も路上に積まれた……布地の山もあった。中身はわからないが油紙にくるんだ金属様の物体や、直径一メートルほどの蒸気釜もあった。大きなロッカーもあった」

目撃した氏子たちの証言である。

暗影を背負う部隊

二十人余りの部隊にしては、あまりにも大量の物資であった。結局、野間神社に張った天幕だけでは収容しきれず、氏子たちが当時神社付近にあった青年団関係の建物（青年会館）を明け渡し、物資の大半はそこに収められた。

〝引っ越し〟作業が完了すると、すぐに部隊責任者は、神社付近の氏子連に、物資の分配・放出を告げた。ぶどう糖や米の〝特配〟を受けるため、野間神社に住民の長い列ができた。付近住民を宣撫するための〝特配〟であった。部隊の正体が、満州第七三一部隊であると知れたのは、ずっと後のことである。――

境内にテントを張り、野間神社に寝起きする男たちの行動には、いくつもの不審点があった。

第一に部隊幹部とおぼしき人物の変装外出である。二十人余の男たちの中には、石井四郎軍医中将の実兄、石井三男、石井剛男に人相の酷似した二人の男がいた。栗原と名乗る主計関係の将校もいた。辻姓の男もいた。

部隊が野間神社に仮寝の一夜を明かした翌日、隊員たちから「少佐殿」と呼ばれていたリーダー格の一人が、背広にロイド眼鏡の出立ちの民間人に化けて、神社を出て行った。神社への帰還は日没後であった。

翌日も、翌々日も、部隊幹部による変装外出は休むことなく続けられた。ある夜、神社関係者は、変装外出先から帰ってきた男が、部隊員に対し次のように報告しているのを聞いた。

「今日、入手した情報では、米進駐軍は近く神奈川県厚木に到着する模様……」

部隊幹部の変装外出は米軍情報を探るためであった。

「米軍は九月×日、七尾飛行場に到着の模様」「米軍機、七尾に到着」——石井兄弟に酷似した男たちによる情報収集は続いた。

「ある時、『米軍は今日の午前十一時に小松飛行場に大挙到着する模様』との報告が入り、部隊員たちの動きがにわかに慌しくなった。小松市と金沢市は指呼の間にあるからだった。……その日のうちに虚報であることがわかり、リーダー格将校たちはひとまず安堵の息をついていた……はは あ、この部隊は米軍の動向をひどく恐れなければならない訳があるな、と思った」

宮司の回想である。

不審の第二は、神社境内に立った不寝番の兵士である。部隊宿舎に当てられた社務所の二階入口には、二十四時間中、肩からピストルを吊った部隊員が立っていた。どうやら、不寝番の任務は二階に持ちこんだ大型ロッカーの警護にあるらしかった。

戦後の一時期、第七三一部隊の臨時本部が置かれた金沢市小坂町の野間神社。部隊幹部は終始、米軍の動向を恐れていた。

ある日、二階に上がった神社関係者の一人は、部隊将校がロッカーを開いているところを見るともなく見てしまった。ロッカーの中には、札束がぎっしりと詰まっていた。札束のほかにも、紙でくるんだ物品が多数あった。

不審の第三は、部隊が神社境内に本拠を構えるや、にわかに人の出入りがはげしくなったことである。

見ていると全国各地から〝隊員〟が訪れてはいくらかの金品を受領して去っていく。社務所二階には一人の縫工兵がいて、朝から夜までミシンを踏み、軍服、軍属服を改良し、一般民間人の着る国民服に仕立て直していた。訪れてくる〝隊員〟たちは、仕立て直した国民服（軍服と似ているが、腰の部分に帯剣用の絞りがない。襟は折り襟が多い。色も国防色よりやや濃い）に着替え、各地に散って行った。

部隊を包む雰囲気には、終始秘密の匂いが漂っていた。ある時、神社境内に据えつけた大釜で炊事中、空中高く立ちのぼる炊煙が「空から発見されないか」と討議の的になったこともある。

この年、九月十七、十八日の両日、野間神社の秋季祭礼が行なわれた。物資不足の時節であったが、氏子たちは栽培した野菜や果物を持ち寄り、郷社の拝殿に捧げた。部隊から「少佐」が清酒数本と米、味噌、砂糖を供物（くもつ）に差し出した。清酒が貴重品だったころである。部隊の供物は氏子たちの目を引いた。

「あの部隊には妙にうす暗いところがある。大量の隠匿物資をためこんでいるうえに、隊員たちは住民の目から隠れるように行動している。世間に公表できない秘密の部隊ではないのか。あまり長期にわたって郷社を貸しておくのはどんなものか。このままだと、最後にはなにかの事件が起こり、氏子が巻きこまれるのではないか……」

こんな声が周囲から上がるようになった。

現に、金沢市内の第七聯隊司令部からも「神社にいるのはどこからきた部隊か」と宮司に問い合わせがきていた。

秋季祭礼が終わったところで、宮司は「少佐」に向かって「このへんで当神社を出て行ってもらえないか」と切り出した。「少佐」は困惑の表情を見せたが、静かな口調で「わかりました」と答えた。

部隊が野間神社から〝撤退〟したのは一九四五年九月二十二日のことである。——

元隊員たちの証言によれば、金沢市内野間神社こそは、第七三一部隊が米軍の目から隠れて設置した「戦後本部」の場所であった。

悪魔の形見分け

「石井二兄弟に人相が酷似した男たちとその部隊」が野間神社から〝撤退〟を開始したころ、金沢市内にある金沢医大病院倉庫（現金沢大学医学部附属病院倉庫）から二台のトラックが東京に向かって出発した。車の荷台には、第七三一部隊が引揚船で内地に持ち帰った顕微鏡、各種薬品、医療器具、防寒被服、毛布等のほか「厳重に梱包した木箱」が満載されていた。

金沢医科大学と京都帝大医学部は、事実上の七三一部隊支部であった。七三一が満州から持ち帰った豊富な物資は、野間神社だけではなく、金沢医大にも隠匿されていたのである。

元隊員の回想によると、二台のトラックの運転台には、菊地少将（七三一第一部長）、太田大佐（同総務部長）、石井部隊長と同郷で親戚筋の細谷某（七三一特別班所属？）と、あと一人の運輸班員が乗っていた。

トラックは金沢市内から現在の国道三〇四号線を南進し、岐阜県飛騨山地を抜け白川郷に出た。ここで事故が起きた。一台のトラックが山道のカーブを曲がり損ねて横転し、谷底へ突っこんだのである。

不幸中の幸いにも、車両そのものは、谷底へ転落する途中で樹木に引っ掛かり、乗員は無事であったが、満載していた荷物は引き上げ不能となった。このため残る一台に四人の隊員が同乗し、下呂温泉に一泊した後、東海道から一路東京入りした。トラックは東京・新宿区若松町の陸軍病院前に停車した。病院前に「若松荘」という二階建ての旅館があった。隊員たちが玄関の戸をあけると、二階から大男が現われた。石井四郎軍医中将自身の姿であった。——

「七三一の秘密は、大部分がすでに米軍側に洩れている……」

若松荘の二階で石井四郎は口を開いた。

「部隊の中には、主義者もいたからな」

と石井は言った。〝主義者〟とは戦前、日本共産党員およびその同調者を指す言葉であった。七三一部隊の中に主義者がいたという石井隊長の言葉は、集まった隊員たちを驚かせた。

「しかし、ハルピン憲兵隊本部、同特務機関の張りめぐらした幾重もの防諜網を潜って、七三一に日本共産党員が勤務していたとは到底考えられない……部隊の中核が、多数の学者、研究者によって固められていた七三一の特殊性から、将校よりも学者（軍属）のほうが幅をきかし、自由かつアカデミックな雰囲気があったことは事実だ……しかし、しょせんはマルタを生体実験材料で殺していく、悪魔的な土壌の上に咲いた徒花のような自由と学究の精神にすぎなかった……石井四郎の目には、この種の自由すら『主義者の言動』と映っていたのだろう」

と元隊員の一人は語る。

隊員たちの印象では、この時、石井四郎軍医中将に、終戦直後の精神虚脱状態はあったが、五体は壮健で病気の兆候はまったく見られなかった。

積み荷を下ろした後、太田大佐は東京・杉並区の民家へ、菊地少将は群馬県渋川へと先を急いだ。一行が若松荘を去るとき、石井四郎は「隊員相互の連絡を取らないように」とあくまで秘密厳守の念押しをし、薬品、防寒帽などを記念品代わりに渡したという。

ついでに記述すれば、太田大佐の立ち寄った「東京・杉並区の民家」はオリエンタル写真工業の「工場のすぐ近く」だったというほかはわかっていない。実は、この民家は戦後約二年間にわたって七三一部隊員のアジトに使用され、多数の将官が出入りしていたという。その中に、帝銀事件容疑者として警視庁の執拗な内偵を受けたメンバーがいたことを付記しておこう。

石井四郎軍医中将が、金沢市内から取り寄せた荷物の中に「厳重に梱包した木箱」多数があったことは前述した。この木箱の中になにが入っていたかは不明である。

問題は①七三一が平房の地から撤収する際に日本へ持ち帰った白金、錫等の貴金属インゴット、②ペスト、コレラ、チフス、流行性出血熱などの菌株、③細菌戦遂行に不可欠な各種ワクチン、④七三一が蓄積していた、膨大な量の生体実験データの行方である。

終戦の年の九月下旬、東京・新宿区若松町に寝起きしていた石井四郎は、この年の暮れ、若松荘から姿を消した。

「ゼネラル・石井は千葉県の石井家（生家）に身を潜めていた……日本占領と同時に上陸した多数のＣＩＣ（米軍情報部）部員は、ゼネラル・石井を探した。元七三一隊員からの密告により、石井は生家で逮捕されたのではなかったか」

と、U・U氏は推測する。

「石井は再び、東京・新宿の若松荘に呼び戻された……ソ連軍将校と米軍情報将校が並行して石井への接触(コンタクト)を図ったのだと記憶している。その結果、石井は米軍に全面協力し、七三一に関するデータの供述を開始した」

その供述調書は、現在米国内のどこに保存されているのか？

質問に答えてU・U氏は言った。

「私の考えるところ、四か所が考えられる。第一にペンタゴン資料部だ。これはワシントンDCにある。第二に、大統領記念図書館だ。これもワシントン市内にある。第三に国立公文書館だ。おなじくワシントンにある。最後に、メリーランド州のフォート・デトリックだろう。米陸軍(アーミー)の細菌兵器研究センターがあるところだ」

J・パウエルがサンフランシスコ市内の自宅で口にした米軍基地の名が、再びU・U氏の口から出た。

石井四郎軍医中将を訊問したのは、フォート・デトリックの幹部ノバート・フェル博士であった事実を、J・パウエルの発見したGHQ文書は示している。

第三章 〃幻の供述調書〃と細菌爆弾

米陸軍伝染病研究所のあるフォート・デトリック正面ゲート（基地発行パンフレットから＝1968年時点）。細菌戦研究所だった往時とちがい、現在では広く一般市民に所内見学の便がはかられている。

細菌戦の郷里

ワシントン市内を抜けると車は四車線のハイウエーに出た。視野の限り、広大な雑木林となだらかな丘が続く。枯れた芝生をめぐらせた別荘風の独立家屋が、何百戸も点在している。アメリカ陸軍病院である。タクシー運転手の話によれば、延々十数キロにわたる雑木林の群落は、五月から六月の新緑の季節に、鮮やかなグリーン・ウォールとなるそうである。

三七〇号線「ワシントン・ナショナル・パイク」と呼ばれる有料道路は冬期無料となり、ゲートに人影はない。白一色の中を、遠方の丘陵まで除雪された道路が一直線に、黒々と貫いている。ロックビルの町を右手に過ぎ、ゲイザースバーグの丘を走り抜け、アメリカ原子力エネルギー研究所の広々とした敷地を左に見て、車は疾走する。

白い曠野の中に黒く濡れて光るハイウエーの一直線は、遥かなる前方の、遠近法の定点に集中している。IBMの工場を過ぎ牧場を抜け、丘陵と雑木林の中を走ること約三十分、行けども行けども白い視野は尽きない。

やがてフレデリックの町が、前方の丘に、赤茶色の集落となって現われた。ハイウエーを左手前で降り車は町の中にすべりこんだ。

銀灰色の尖塔があちらこちらに目立つ。町の教会である。全体にくすんだ建物が多い。煉瓦造りの頑丈な建物を長屋式に二つに区切り、二戸で共用している。人影はない。尖塔の上方で、

（上）フォート・デトリック内の米陸軍伝染病研究所建物。1956年に発足し、1971年、1980万ドルの工費をついやして、現在の建物となった。（下）フォート・デトリックの一角にある「昆虫・齧歯類コントロール・セクション」。第七三一部隊にあった田中班昆虫舎、石井班動物舎を連想させる。

午後二時を知らせる鐘が鳴った。荘重な響きが、この町の古い歴史を旅行者に伝える。

フレデリックの市街を抜けると数分で、車窓の左右に再び白銀の曠野が開ける。道路の両側にフェンスが続き、ビルが現われた。前方遠くに、雪を被った球型緑色のタンクが立ち並んでいる。木造の建物も点在している。

開放された基地

一見、なにかの研究用施設にみえる。これがフォート・デトリックにちがいない。

かつては朝鮮戦争において細菌戦遂行の総元締め的役割を果たした、米陸軍の要塞である。基地化学部長ノバート・フェル博士が、三十五年前に石井四郎軍医中将を訊問した――という断片情報のほかは、当方にフォート・デトリックと七三一を関連づける、なんらの予備知識もない。

軍用道路を直進すると行き止まりとなり、正面をゲートが阻んでいた。詰所から人影が出てきた。青い軍帽と制服を着た人物が、両手を広げ、停車を命じた。粉雪の中を人影はゆっくりと近づいてくる。丸顔の女子軍属であった。車窓を指先でコッコツと叩く。

「オープン　ザ　ウインドー」

横なぐりに風が吹きつけてきた。

「グッドアフタヌーン……アー　ユウ　ビジター？（こんにちは、外来者ですね）」

「そうです」

「だれに会うのですか？」

「アイ　ハブ　アン　アポイントメント　ウィズ　ヘッド　クォーター（基地司令官に会いたい。約束がある）」

「オーケー　ユウ　アー　ウェルカム　ゴー　アヘッド！（ようこそ、どうぞお入りくださ い）」

一瞬、耳を疑った。たしかにようこそ、と女子軍属は言ったのである。あっけにとられている訪問者の手の中に、一枚の紙片を手早く押しつけると、女子軍属は敬礼して、さっさと立ち去っていった。

わら半紙大の紙片は、基地のリーフレットであった。大きく「WELCOME UNITED STATES ARMY FORT DETRICK FREDERICK, MARYLAND」と印刷されている。歓迎（ウェルカム）の大文字が視野に躍った。

よみがえった石井レポート

女子軍属が手渡してくれたリーフレットに、フォート・デトリックの地図が印刷され、施設要図の説明が書かれてあった。

地図の上のフォート・デトリックは、千鳥のような形をしている（次ページ図参照）。メインゲートから中央奥まで「往復用大通り（ディットー・アベニュー）」が基地内をほぼ南北にのび、メインゲートを入ったところで「荷物運搬用道路（ポーター・ストリート）」が東西に横切っている。

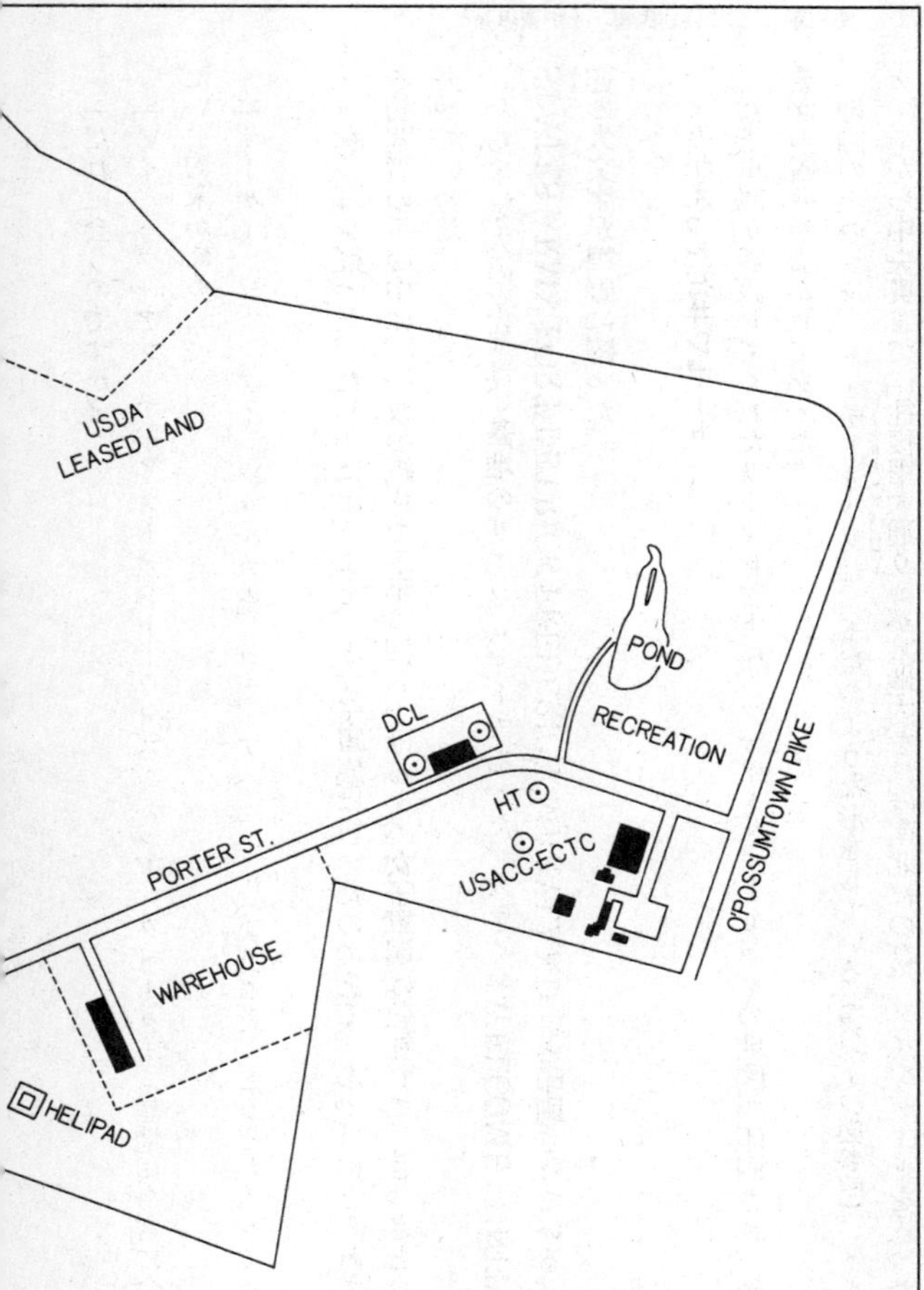

FORT DETRICK MAIN POST

フォート・デトリック施設概略図。左下のUSAMIIA（米陸軍医学情報部）で、七三一関係の極秘文書が発見された。

地図によるかぎり、主要な施設の大半は、「ディットー・アベニュー」の左半分（西）に集中しているようである。地図の左半分に、施設略号の説明がアルファベット順に印刷されてある。ていねいな編集であった。

アルファベットの索引をAから順にたどって、Uまでくると、「USAMIIA」の表示がある。説明をみる。「USAMIIA＝US Army Medical Intelligence and Information Agency」とある。米陸軍医学情報部とでも訳すのであろうか。基地司令官室と隣接しているこの建物が、マスコミとの応対を司(つかさど)るフォート・デトリックの〝顔〟のようである。

地図をたよりに情報部の建物の前に出た。広場の両翼に、緑色のカバーをかけた迫撃砲が一門ずつ据えつけられている。広場の空に星条旗がひるがえっていた。情報部建物は左右対称形(シンメトリー)になっている。

二重ドアの玄関を入ると、緑色のリノリューム張り廊下が左右に走り、廊下の両側にいくつかの小室が並んでいる。

消毒薬の強い匂いが鼻孔を突いた。白衣を着用した何人もの軍属が盛んに議論をたたかわせていた。右へ回った広い一室が、情報部であった。

案内を乞(こ)うと、しばらくして四十歳ぐらいの長身の男が現われた。真っ青なスーツをまとっている。金髪、青い目、とがった鼻梁(びりょう)。紅顔だが頰(ほお)に少しソバカスがある。丸顔で、話好きで、知的好奇心にあふれた探索好きの男――それがフォート・デトリック広報部長(チーフ・パブリック・アフェアーズ)のノーマン・M・カバートであった。

『悪魔の飽食』をプレゼントし、元日本陸軍の細菌戦部隊七三一の実録であることを告げると、カバートは二度、三度、大きくうなずいた。七三一施設建物要図を広げ、説明する。

一時間ばかり耳を傾けたあと、カバート部長は、さりげなく当方の説明を遮った。

「セブンスリーワン・ユニット……その資料なら、今、ここにあるよ」

「それは……どんな記録でしょうか？」

「七三一の指導者だった、ゼネラル・イシイがしゃべった、日本の細菌戦部隊についての記録だよ」

思わず息を呑んだ。カバートの答えはいきなり核心を突いたのである。胸騒ぎを覚える訪問客に、待ってなさい、と言い残してカバート部長は席を立った。

やがて床を鳴らして戻ってきたカバートは、手に一冊の分厚いファイルと、円筒に入った図面を持っていた。

「COPY IS 1 OF 1 COPIES……DON'T DESTROY」（このコピーは、ただの一通しかない……破棄すべからず）

分厚なファイルの表紙に押されたスタンプの文字が、目に焼きつくようにとびこんできた。カバートは頁をぱらぱらと繰って見せた。そのうちの一行。

「……Reported by Shiro Ishii（石井四郎のレポート）」

「序　ここに報告する調査は、一九四五年十二月十六日付のワシントン25・D・C・軍務局のアーボ・T・トムプソン（一九四六年十二月二十一日）への書簡AGPO―A―O、二〇一、送付番号〇〇―東京―AU、行動命令の第一項にもとづいて、一九四六年一月十一日から一九四六年三月十一日までの期間に行なわれたものである……」

フォート・デトリック広報部長が開いたファイルの第一ページに、細かな英文タイプ文字が犇（ひし）めいていた。

「日本軍細菌戦（BW）活動に関する報告」と表示がある。報告者名はアーボ・T・トムプソン獣医部中佐。

「アーボ・T・トムプソン中佐が、どのような人物であったかはほとんどわからない……おそらく彼は物故していると思われる」

と広報部長は横合いから説明した。

カバート広報部長によれば、一連の七三一関連書類は、ワシントン・DCのペンタゴン資料部に保存されている。

ファイルは001から009まで九冊あり、内容は①石井四郎軍医中将の供述調書、②―⑤石井以外の七三一幹部の供述調書、⑥石井四郎・北野政次両軍医中将の書いた平房施設の略図、⑦各種細菌爆弾の図解説明、⑧関東軍防疫給水部機構表、⑨平房施設での作業概略等々である。

訊問期間、細部データにはそれぞれ食い違いがあるが、書類作成者と被訊問者の組み合わせにより、「差」が出たものであろう。

ペンタゴン資料部の秘密資料が、なぜ今この時期にフォート・デトリック広報部に姿を現わ

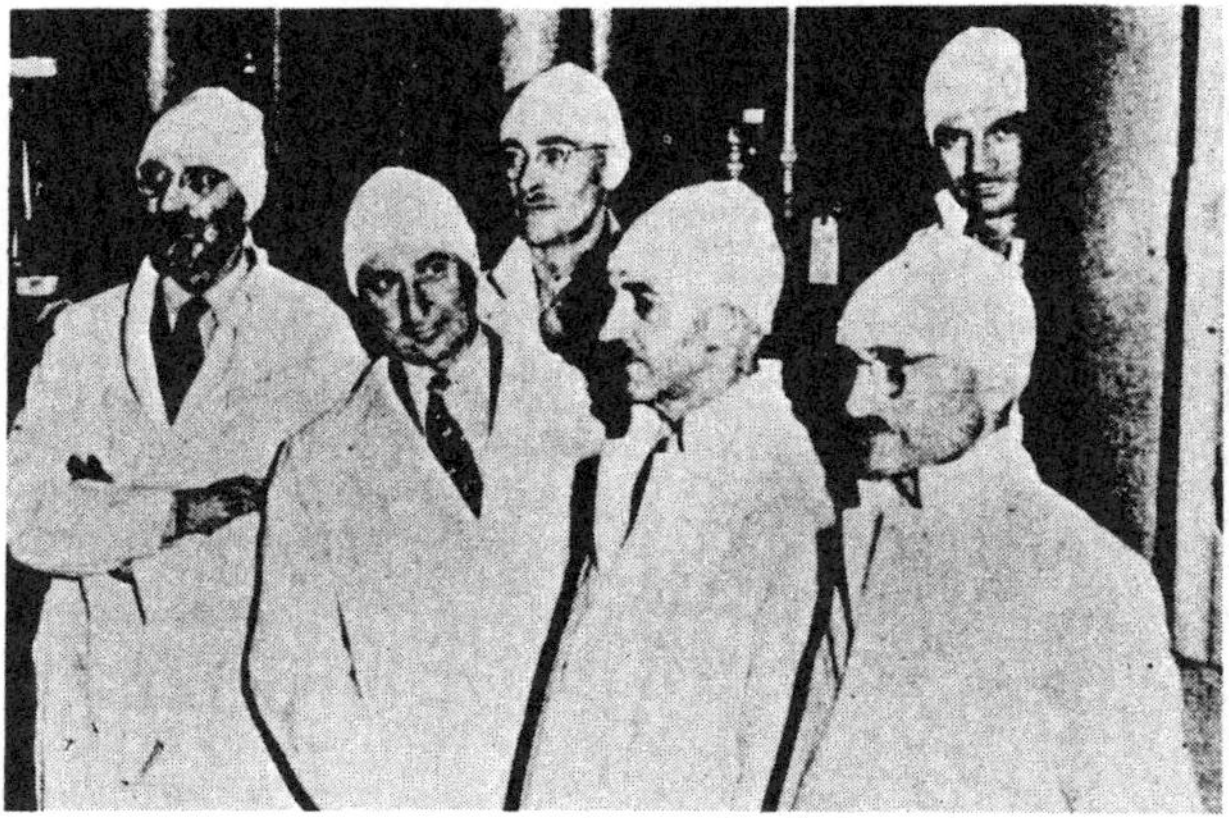

1943年当時、米陸軍細菌戦研究所（フォート・デトリック）で研究に従事するアーボ・T・トムプソン中佐（写真右端上方の人物）。（基地パンフレットより）

しているのか？

質問に対し、カバート広報部長は笑いながら答えた。

「七三一部隊(ユニット)関連資料は、だれにも顧みられることのないまま、長い間、ペンタゴンに冬眠していた。ところが……ことし（一九八一年）十月末になって、全米のマスコミ各社や、日本の新聞社からの問い合わせ電話が、ひんぴんと当フォート・デトリックに掛かってきた」

「問い合わせの内容は主として日本の細菌戦部隊の記録に関するもので……中には、七三一ユニットが米軍兵士を実験材料としたのではないか、というのもあった」

日本細菌戦部隊がにわかにマスコミの関心を集めるようになった理由はなにか。いぶかしんだ広報部長が事情を調べると次のようなことがわかった。

――サンフランシスコ在住の米人ジャーナリスト、ジョン・パウエルが雑誌『ブレティン・オブ・アトミック・サイエンティスツ』に論文を書き、日本細菌戦部隊のデータが戦後、米軍に渡された事実を公表した。パウエル論文は、日本で大きな反響を呼んだらしい。なぜならば、時を同じくして日本国内ではマスコミの間に、七三一ユニットに対する関心が高まっていたから……。

フォート・デトリック基地では、今後マスコミとの折衝に対応するため、ペンタゴン資料部に「七三一関連資料の保存有無」を問い合わせた。その結果、九冊のファイルが発見された。戦後三十六年間、ペンタゴンの一隅に眠っていた資料が、久々に脚光をあびることになったのである。

「取り寄せて、研究をはじめた矢先に、あなた方が基地を訪ねてきたのです……ユウ アー ベリー ラッキー（あなた方はツイていますよ）……この資料は、関心のない人間にとっては反古同然だが、七三一に興味を持つ人間にとっては貴重なものだから」

とカバート広報部長は言った。

疑問は氷解した。『悪魔の飽食』とパウエル論文が、日米両国の世論を喚起する引き金となり、その余波が遠く米国メリーランド州フォート・デトリックに及び、ペンタゴンの書庫の暗所から、石井四郎らの供述調書を引っぱり出していたのである。

旧版と異なり、新版においては、筆者の解説は最少限に留めて、入手した報告書を重複部分を除いて全文に近い形で収載する。ただし、この調査はフェル・レポートではなく、トムプソン・レポートであるから、人体実験を行なったということを石井四郎はまだ明らかにしていない。しかし、七三一部隊の真の意図が攻撃にあったか、防御にあったか、報告書から判断いただきたい。

まず目次は次のようになっている。

目　次

一、概要
二、結論
三、日本軍細菌戦（BW）活動に関する報告
付録一　ハルピン地域の略図
付録二
　a　関東軍防疫給水部の機構表
　b　関東軍防疫給水部の任務要綱
付録三
　a　ハルピン研究所の図（石井）
　b　ハルピン研究所の図（北野）
　c　平房（ピンファン）施設の図（石井）

d 平房(ピンファン)施設の図(北野)
e 平房(ピンファン)研究所で行なわれた作業の概略

付録四

a イ爆弾の詳細図
b ロ爆弾の詳細図
c ハ爆弾の詳細図
d ウ爆弾の詳細図
e 旧型ウジ爆弾の詳細図
f ガ爆弾の詳細図
g 50型ウジ爆弾の詳細図

つづいて、概要と結論がくる。

概要

日本軍細菌戦(BW)活動

一、細菌戦の攻勢、防御の両面についての広範な調査研究が日本軍によって軍事活動として実施された。細菌戦に対する日本海軍の関心は防御面に限られていたようである。

二、日本陸軍の細菌戦の研究、開発は主として石井四郎中将の影響と指揮を受けた。石井は、

フォート・デトリック植物棟。巨大な温室と研究棟。専用農場は、第七三一部隊八木沢班（植物研究）農場を連想させる。（撮影・下里正樹）

こうした活動の遂行のための公式指令はなんら存在しておらず、また、この活動が軍事予防医学の一局面として実施された、と主張しているが、細菌戦の研究、開発が全面的に大規模に実施され、しかも最高軍当局から公式に認可され、支持されていたことは、事態の経過からして明白である。

三、ソ連と中国が細菌戦謀略破壊行為を行なったので、そうした事件に対する防御手段の開発が必要となった、というのが石井の出した日本軍の細菌戦活動への取組みの理由であった。攻撃用兵器としての細菌兵器の開発は考えたこともなかった、と彼は強調した。

四、満州ハルピン近くにあった平房（ピンファン）施設が中心的な細菌戦研究開発センターであった。この分野の作業は東京の陸軍軍医学校においても実施された。細菌戦は軍事活動であり、保安上の理由で高度の機密とされていたので、民間の科学者や民間研究機関の施設はこの活動には利用されなかった。

五、腸チフスとパラチフス、コレラ、赤痢、炭疽、馬鼻疽、ペスト、破傷風、ガス壊疽などの病源菌や濾過性ウイルス、リケッチャなどが細菌戦用に利用できると考えられていた。野外試験の微生物は限定され、それは非病源菌、そして人間と動物の両方に感染する二種類の菌、B炭疽（脾脱疽）とM馬鼻疽であった。

六、日本軍が調査研究した細菌戦用細菌の散布方法には爆弾、砲弾、航空機からの噴霧、謀略破壊が含まれていた。なかでも病源菌の効果的散布手段開発の中心的努力は爆弾の開発に傾けられた。そのため一九四〇年までに九種の航空機投下爆弾が開発、実験された。そのなかには地上汚染用に設計した爆弾や伝染雲の生産、傷口感染による人的損害をつくりだす破片弾などが含まれていた。

ここに記述されている伝染雲は七三一が苦心の結果開発した細菌噴霧方法であり、今日でいうエアゾルである。元隊員の証言によると安達実験場に白布を敷きつめ大量の卵黄を溶き上空のさまざまな高度から散布して地上の汚染状況を実験したという。七三一の専用格納庫には細菌噴霧装置を取り付けた各種飛行機があった。

七、砲弾を改造した細菌戦弾薬を使った予備実験は数回しか行なわれなかった。この方法による散布は実用的でないとみなされたのである。航空機からの噴霧についても数回の予備実験の後同じ結論に到達した。

八、ハ爆弾と50型ウジ爆弾が平房で開発された弾薬のなかで最も効果的だとみなされていた。両方の爆弾ともいくつかの重大な欠陥があったが、石井は兵器専門家によってこれらの欠陥を是正し爆弾をさらに改良するならば、効果的な細菌戦弾薬につくりあげることができると信じていた。

九、日本軍は防疫と浄水の手段の強化が最も効果的な細菌戦の防御であると考えていた。戦場での伝染病発生の探知と予防、制圧に責任を負っていたのは、防疫、浄水の非機動部隊と機動部隊である。憲兵は補助部隊として、起こりうる細菌戦事件の監視や証拠の収集、破壊工作員の逮捕にあたる情報機関の任務を果たした。

十、攻撃的な細菌戦の開発で明確な進歩があったが、日本はけっして細菌兵器を実用的兵器として使用することはできなかった。

結　論

調査官の見解は次のとおりである。

一、日本軍の細菌戦活動に関して一応別個とされる情報源から得られた情報はきわめて一貫しており、情報提供者たちは訊問の際に明かすべき情報の量と質を前もって指示されていたと思われる。

二、すべての情報は記憶によるものとされているが、それはすべての記録が日本陸軍の指令にもとづいて破棄されたともいわれているからである。だが、一部の情報、特に爆弾の略図はきわめて詳細であり、すべての文書証拠が破棄されたとの主張に疑問をいだかせる。
三、訊問を通じて明白なことは、日本軍の願望が細菌戦におけるその活動範囲、とりわけ攻撃用の研究開発に注いだ努力を小さく見せることであったということである。
四、軍部内（訳注・陸軍と海軍の間）の協力の欠如のために細菌戦研究開発に制約があり、日本の科学力を全面的に軍事に利用できなかったので、細菌兵器を実用兵器として開発する進歩が妨げられたのであった。
五、たとえ実用細菌兵器が完成されていたとしても、日本は化学兵器による報復の恐れからその使用には訴えなかったと思われる。知りうる限りのところでは、日本はアメリカの細菌戦活動についての情報を持っていなかった。

トムプソン中佐の報告の「総論」は以上である。「概要」第三項において石井は中ソの細菌戦に対する防御手段の開発を日本軍の細菌戦活動の取組みの理由として強調しているが、「結論」第三項において「攻撃用細菌兵器開発に注いだ努力をできるだけ過小に見せかけようとしている」と、その強調をしりぞけられている。石井部隊の創設目的が攻撃か防御かをめぐってさらにレポートの後段においても日米の応酬がつづけられる。

また結論第一項の供述内容が「きわめて一貫しており」「明かすべき情報の量と質を前もっ

て指示されていたと思われる」という記述には含みがある。石井、北野ら七三一幹部は訊問に際して口を合わせていた状況がうかがえる。

さらにトムプソン報告では詳細な内容を示した「各論」が続いている。

日本軍細菌戦活動に関する報告

一、序

日本軍の細菌戦（BW）活動についての初めての調査を行なったのは化学戦研究部のマリー・サンダース中佐とハリー・ヤングス中尉であったが、それは日本についての科学・情報調査の一環で米太平洋陸軍部隊、科学技術顧問団が一九四五年九月および十月に実施したものである。この調査に関する報告は一九四五年十一月一日付、第五巻、細菌戦に収録されている。

この活動に関連していた要員がさらにその後、訊問可能となり、米太平洋陸軍部隊GHQ＝G2、WDIT課および化学戦研究部の要員が日本で面接調査を行なった。面接調査の主要対象人物は、石井四郎中将と北野政次中将、共に日本軍細菌戦研究開発に責任を負っていた機関の元部隊長である。

本報告は主として石井将軍の訊問と彼から得られた情報に関わるものである。北野将軍その他の訊問はこの情報につけ加えるものはなく、全体として石井将軍から得た情報を確認するものであった。個々に面接調査した人物たちから得られた情報では、小さな相違がみられるのみであった。

調査のなかでは、この分野における日本軍の研究開発についていかなる証拠文書も発見されなかった。面接調査対象者は全員が一致して、そうした記録文書は極秘扱いであったため陸軍指令にもとづいて破棄された、と証言した。したがって、得られた情報は面接調査対象者の記憶によるものとされている。

日本における細菌戦研究の開始と遂行に影響力をもった石井四郎中将の訊問は、一九四六年一月十七日東京で可能となった。彼の行方は終戦以来不明であったが、米軍情報部（CIC）筋が郷里の千葉県に隠遁(いんとん)しているのを突きとめたのである。米太平洋陸軍部隊GHQ、米軍情報部からの日本政府への要請で石井は東京の自宅に返された。石井は慢性胆のう炎と赤痢をわずらっていたので、東京の自宅に留まることを許され、面接調査はすべてそこで行なわれた。石井の訊問は一九四六年一月二十二日から二月二十五日までの期間にとびとびに、通訳を介した直接面接と質問書を介した方法とで行なわれた。細菌戦の研究開発の問題についての石井の回答は、慎重で、簡単で、しばしば言い逃れを用いた。防疫研究や給水、浄水の問題については石井は自由に話をした。面接調査を通して明らかであったことは、彼が防疫や浄水、給水に関する活動を強調したがり、自分の指揮した組織である関東軍防疫給水部の細菌戦の側面を小さく見せたがっていたことである。

七三一部隊の〝表看板〟は「防疫給水」であった。その表を代表するのが江口中佐指揮下の第三部、濾水(ろすい)器製造、防疫給水担当であった。だがこの表のマスクのかげに細菌戦の研究とその実行という裏の顔が隠されていた。七三一の上層幹部は表看板を強調して「医学・防疫面に多大の貢献をした」と主張する者が多い。

だが七三一の本質は細菌戦の研究と遂行にあった。そのために生きた人間を「丸太」として実験材料に用いた。七三一の医学面における貢献は、本質の〝副産物〟といってもよい。七三一の医者、研究者たちが行なった生体実験については、当人たちの手による多くの研究論文が発表されている。七三一の裏の顔こそ素顔であり、その正体であったというべきである。

その辺の実相を防疫、給水については石井は「自由に話をした」、細菌戦については「しばしば言い逃れを用いた」「細菌戦の側面を小さく見せたがった」と米国側は鋭く見抜いていた。七三一における生体実験を基礎にした医学論文は『日本病理学会誌』をはじめ十指におよぶ専門学会誌に発表されている。特に吉村班における凍傷研究成果を同班長が日本生理学会で講演し、その内容が同学会誌に収録されて論議を呼んだ。

次に報告書は石井四郎の経歴について詳細に記述するが、第一部とおおむね重複するので省略し、第三項「開発動機」に入る。

三、日本軍細菌戦研究開発の動機

訊問を通して石井は、日本軍の細菌戦用研究開発計画の開始と遂行のための公式指令は一切存在しないと主張した。さらに石井は、日本軍が細菌戦に関心を持った責任は彼自身にあり、また主として彼の影響下で敵の細菌戦攻撃に対する適切な防衛の準備をするために細菌戦の攻撃面の調査研究が行なわれた、と断言した。防疫給水部の任務は伝染病の予防と制圧および純良水の供給であったので、細菌戦攻撃に対する防御手段の開発が彼の部隊の論理的任務であった、と説明した。

石井によると日本軍を細菌戦能力についての調査研究に導いた事件には、中日紛争中の多数の毒物井戸投入、汚染事件や、細菌戦分野でのソ連軍の活動についての噂、発疹チフス菌やコレラ菌、炭疽菌を入れたアンプルを持つソ連スパイ逮捕についての満州警察の報告、ペイアン・コッカー（北安—黒河）鉄道の建設中に二千頭の馬を炭疽病で失った日本陸軍の馬匹牽引輸送の謀略破壊、外国の文献に現われた細菌戦に関する論文などがあった。

石井は、中国戦域の井戸の汚染がソ連の影響下にある中国人ゲリラの犯罪だ、と信じていた。上海地域で日本兵士六千人の死をもたらしたコレラの発生の後、かれの部隊要員は一千以上の井戸を検査した。そのうちの三つの井戸がコレラ菌でひどく汚染されているのが発見された。調査は有資格の細菌学者が行ない、実際に細菌容器も現場で回収されたので、石井はそれが破壊工作員の仕業であり、自然排水が井戸に入りこんだ結果の汚染ではないと信じていた。

日本が南京地域を占領した際、コレラ菌による井戸の汚染が発見されるという事件がさらにあったと石井は主張した。中国語で「良水」と印のついた井戸が汚染し、「悪水」と書かれた井戸が飲料可能であることが発見された。

細菌戦についての外国文献については、石井はドイツの論文と米陸軍レオン・A・フォックス少佐の「細菌戦」についての論文をあげた。石井はこれらの論文が幻想的で科学的事実にも

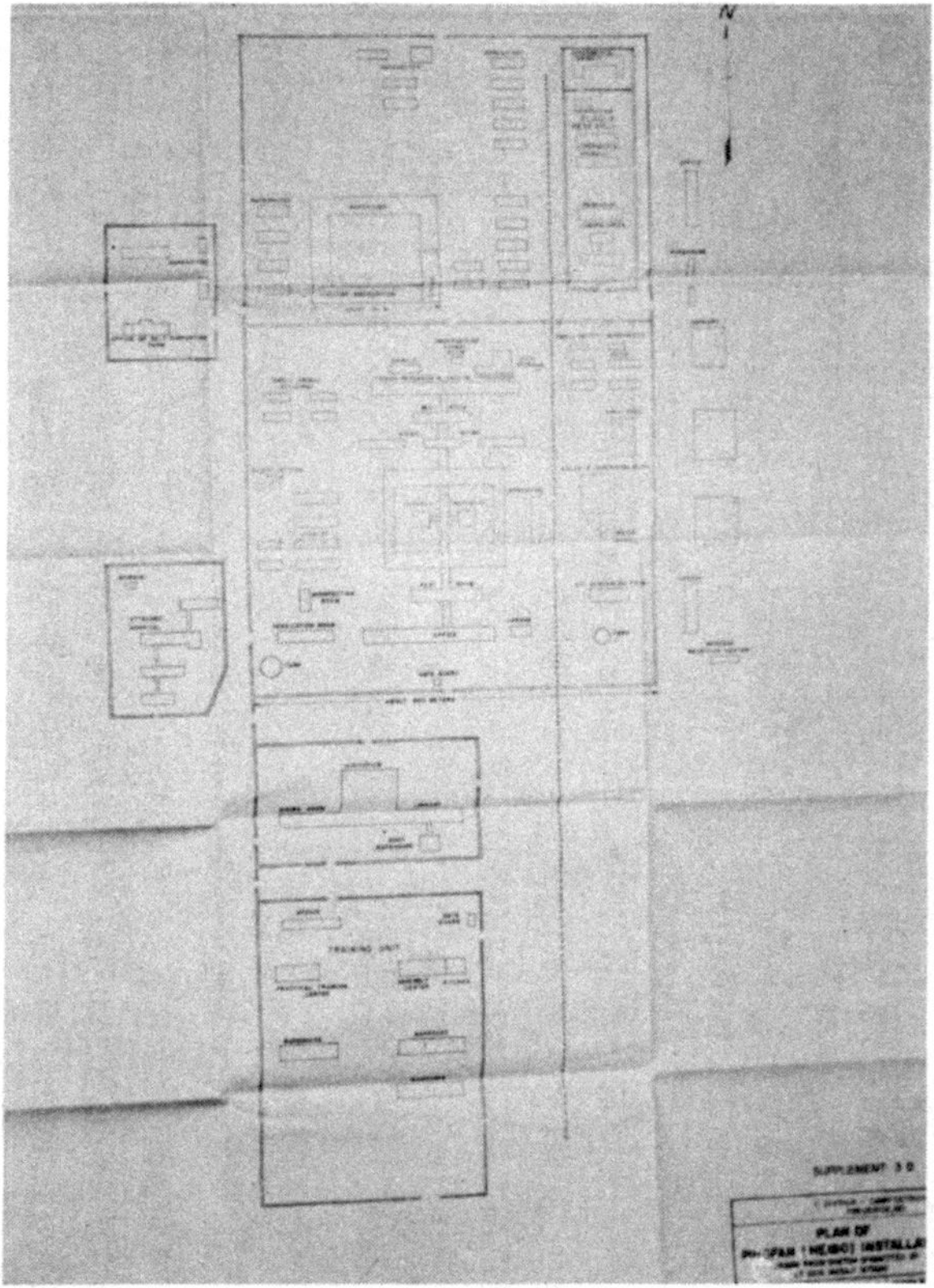

「トムプソン・レポート」付属文書で、北野政次軍医中将が書いた「第731部隊施設概略図」。

とづかないものだと考えていた。

細菌戦の分野におけるソ連の活動と意図についての不安と、こうした脅威ならびに中国・満州作戦戦域における共産主義者による多数の細菌戦破壊工作に対する防御手段の開発の必要性を石井はあげて、日本が細菌戦活動に取り組んだ主要な理由であるとした。細菌兵器を攻撃用兵器として開発することは日本の目的ではなかったし、こうした戦争方法の開始を考えもしなかったと彼はくりかえし強調した。

石井は細菌戦の研究動機をソ連の細菌戦破壊活動に対応する防御にあることを繰り返し主張している。その意図は石井が一貫して反ソ的姿勢であったことをアピールすることによってGHQの心証を良くしようとしたのであろう。また防衛のための兵器開発という口実は陳腐である。いずれの国の軍隊も祖国防衛のために創設され、平和維持の名目で兵を養う。自衛のための軍備が侵略に転じた事例は歴史上枚挙にいとまがない。

防御のための兵器開発であれば、侵略地でなく日本国内のみにおいて行なえばよい。

現在超大国間における核兵力の増強競争も〝それぞれの世界〟の平和維持を旗印にしている。石井四郎の言い逃れと、核兵力のバランスによる平和維持の発想は、三十余年の経過を隔ててもコピーのように符合する。

四項は「防疫給水部の機構と配置」について述べる。それによると日本陸軍の初の防疫機関

関東軍が用いた中国人宣撫(せんぶ)用のビラ。

は日露戦争の直後に設立された野戦防疫部であり、日中戦争の勃発によってその担当範囲をソ満国境から海南島(かいなん)まで拡大した。当時日本陸軍には統一的な浄水給水方式が存在していなかった。そこで「水系統からくる病気の予防」を主要目的として防疫給水部が編成された。

防疫給水部は海外作戦戦域および日本本土にある非機動性部隊と機動性部隊から成っていた。

一九三八年七月までに五か所の非機動性の防疫給水部施設が海外戦域に次のとおりに設置されていた。

a　関東軍防疫給水部（ハルピン）
b　北支軍防疫給水部（北京）
c　中支軍防疫給水部（南京）
d　南支軍防疫給水部（広東）

e　南方軍防疫給水部（シンガポール）

これらの非機動性の防疫給水部施設は、各方面軍に配属され、方面軍司令官つまり関東軍総司令官の直接指揮下におかれていた。

機動性の防疫部は、海外戦域の野戦防疫給水部と師団防疫給水部および日本本土の師団防疫給水部と軍管区防疫給水部から成っていた。防疫給水部の固定施設と同じく、機動性部隊もそれぞれの部隊組織に配属され、その長の直接指揮下におかれていた。一九三八年七月までに十八の師団防疫給水部が編成され戦場のそれぞれの師団で活動していた。日本軍の活動範囲が拡大するにつれて、機動性部隊が追加設置された。防疫給水部の部隊は軍医部から独立した部隊であり、軍医部はそれぞれの軍司令官に医務問題について諮問的な役割を果たすだけであった。

この中eについては南方派遣軍が存在したのは一九四一年十一月六日からであり、石井の記憶に誤りがあったとおもわれる。eの設置のみ遅れたのではなかろうか。

五、　防疫給水部の任務

防疫給水部の各部隊には次のような任務と責任が課されていた。

a　非機動性防疫給水部——伝染病の予防と給水の研究。細菌製品の生産と供給。防疫給水のための資材、設備の生産、修理、供給。防疫給水措置の執行と指導。防疫給水についての教育。物理・化学試験。伝染病患者の入院と治療。

b　野戦防疫給水部――防疫パトロールと水源偵察。防疫措置の執行と指導。水質検査と毒物探知。消毒と健康診断。浄化給水。衛生濾水器の修理。防疫と浄化水供給に関する研究。

c　師団防疫給水部――師団配属部隊は野戦部隊と同じ任務を持つが、研究および教育は別であった。

伝染性の病気の発生が抑えられなかった場合や、野戦部隊や師団部隊の担当地域内で異常な病気や事件が起きた場合には、固定施設から要員と設備が派遣されて事態に対処した。

六、関東軍防疫給水部

関東軍防疫給水部は一九三六年の編成時から戦争終結まで石井将軍に指揮され、日本軍の細菌戦研究開発計画の遂行を任務とした機関である。一九四二年八月から一九四五年三月まで北野政次将軍が石井に代わって部隊長となった期間を除き、この部隊の細菌戦活動は石井が直接指揮したが、石井は明らかに日本軍統帥部にのみ責任を負っていた。防疫と浄化給水に関する問題についてのみ彼は関東軍司令官に従属していたのである。細菌戦活動の実施については石井は明らかに自由であった。石井は、細菌戦の問題はきわめて機密性が高いとみなされていたため正式の報告は提出されなかったとのべた。

部隊長から解任された理由についての質問に答えて、石井は陸軍の野戦勤務を要する中将への昇進の資格をとるためであったとのべた。さらに、彼の見解では、第一軍の軍医総監への任命は「上部」が彼に細菌戦研究を続けさせたくなかったからであった、と語った。いずれにせよ、この研究の主要な開発は一九四二年末までに完了していたのであり、石井の影響力のために研究は北野将軍のもとで少なくともある程度続けられたのである。

石井解任の理由については第一部に詳述、63棟大講堂の建設費をめぐる不正経理の発覚によって参謀本部の特別査察の結果によるものとされている。

関東軍防疫給水部と他の防疫給水部や部隊との関係について石井は供述のなかで、彼は日本軍の防疫給水部部隊全体の司令官ではなかったのであり、したがって他の方面軍の防疫給水部の活動については知らない、と強調した。

石井は、細菌戦活動については陸軍省からなんの公式指令も与えられておらず、また具体的な予算も与えられていなかったと主張した。防疫と給水についての研究予算が細菌戦研究に使われたのであった。石井は、細菌戦研究への資金流用が予算の一ないし二パーセントであったと推定していた(**注・**別の情報源によると、防疫研究の予算は年間約六百万円であった)。しかし石井の推定は、彼が後に研究の約二割が細菌戦にあてられたとのべたことと合致しない。石井は訊問において、細菌戦研究はきわめて小規模で、防疫給水の研究の一部として行なわれたにすぎないとの印象を与えるよう努力していた。彼がくりかえし強調したことは、細菌戦の攻撃面の調査研究を行なった唯一の目的が細菌戦の潜在能力を知って防疫給水の立場からどのような防御措置が必要かを明らかにすることであった、ということである。

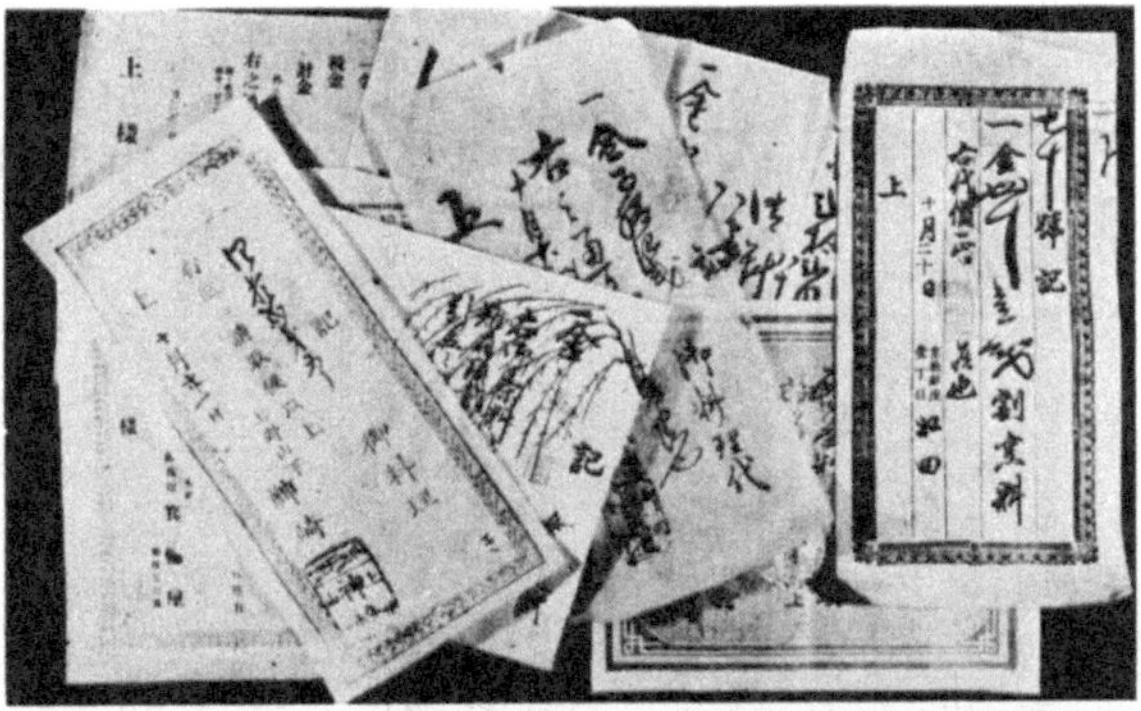

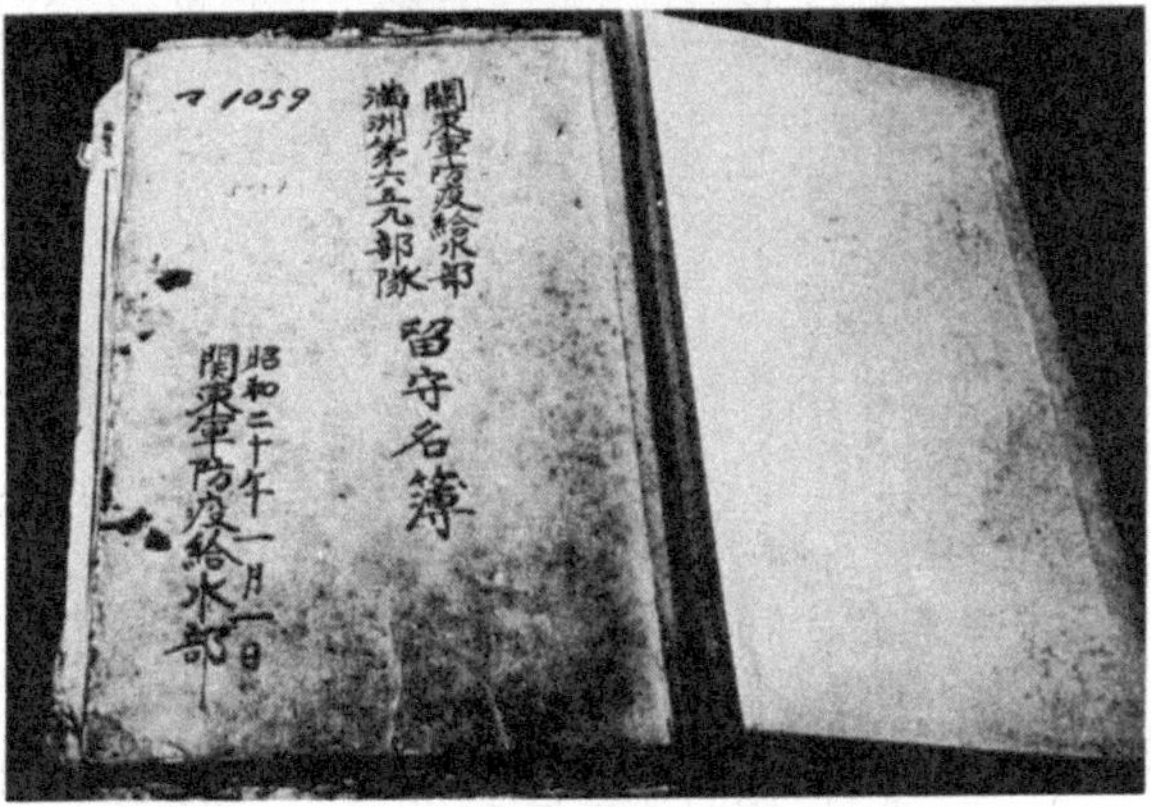

（上）石井四郎は陸軍軍医学校教官時代から遊蕩を好み、医療器具メーカーと結んで多額の遊興費を手に入れ、待合・料亭に入り浸ったと伝えられる。写真は石井家に秘蔵されていた領収書。
（下）厚生省が保管している「関東軍防疫給水部留守名簿」。昭和20年１月１日時点のものである。

この問題について訊問を受けた全員が一致して回答したことは、天皇が日本軍の細菌戦活動について知らされていなかったということである。この訊問への石井の回答は、「細菌戦は非人間的であり、そのような戦争方法を主張することは天皇の徳と慈悲を汚すことになる」であった。さらに石井は、天皇がこの活動について知らされたならば天皇はそれを禁止しただろうとのべた。

細菌戦研究が関東軍給水部の活動のほんの小さな部分であり、公式の指令もなく行なわれたという石井の主張にもかかわらず、その研究の規模と進展からして明白なことは、細菌戦研究開発が大規模に全面にわたって実施され、公式に認可され、最高軍当局から支持されていたことである。

ここにおいても石井は「細菌戦研究がきわめて小規模で防疫給水の一部として行なわれたにすぎないという印象をあたえるように努力」しており、米側がその「研究開発が大規模全面的に実施され、公式に認可され、最高軍当局によって支持された」ことを見抜いている。

石井は細菌戦の潜在能力を知り防御措置を明らかにするのが目的であったと主張しながら、細菌戦は非人間的であり、天皇が石井部隊の活動について知ったなら天皇が禁止しただろうと供述し、自己の言葉の中の矛盾を露呈した。

この後報告書は関東軍防疫給水部の機構、要員、任務について記述するが、これらは重複するので省略する。

第七項においては平房(ピンファン)の施設について触れている。

ハルピンの小さな研究所が、平房施設の完成まで初期研究のために利用された。平房の完成からは、ハルピン研究所は主として浄水設備の製造と修理に使用された。石井将軍は硅藻(けいそう)土管型濾水器を開発し、これが日本軍の標準野戦用装備として採用されたが、ハルピン研究所の硅藻土濾過器を焼く設備はウジ（UJi）型細菌爆弾の陶製弾筒の製造にも使われていた。

細菌戦の調査研究は平房の固定的なグループが行なったのではない、と石井は語った。各部から要員が特定の計画または実験に臨時に配属され、計画あるいはその特定の段階が完了すると配属要員は解散され、それぞれの部署に復帰させられた。

陶器弾筒の製造地については、「佐賀新聞」の調査によって佐賀県藤津(ふじつ)郡塩田(しおた)町がその一つであったことが、最近明らかになった。昭和五十八年一月十四日付の同紙の記事によれば、

弾体があったのは同町中通り、町役場職員貞包貞利さん（五七）方。同家は明治初期から昭和二十五年ごろまで、三代にわたって続いた製陶所。貞利さんの父親貞次さん（昭和四十四年に八十二歳で死去）が軍部の依頼で焼いた。父からの言い伝えで貞利さんが一個だけ大切

に自宅に保管していた。

現存するのは、久留米市在住の長男・貞悟さん（六二）が持っている一個と合わせ二個だけ。

弾体は長さ約五十センチ、先のとがった円筒形で直径約二十センチ。厚さ五ミリ程度で上部にはねじのふたが付き、ここから細菌溶液などを入れるようになっている。

故貞次さんの妻キンさん（八七）や、貞悟さんらは『昭和十三年か十四年ごろ、製造の依頼が町内の窯業指導所を通じてあり、東京から軍関係者が来て泊まり込んだ。工場の窓はすべて外部からのぞけないようにふさがれ、製品の火鉢の間に挟み隠して焼かれた。焼き上がった弾体は一つ一つ厳しくチェック、少しでも不備だと粉々に砕き裏山に埋められた。完成品は赤十字のマークの入った木箱に丁寧に詰められ、軍用トラックが運び去った』と証言。

製造は子供たちや家族にも一切教えない徹底ぶりだった。地元では『終戦間際、原料の鉄が不足していたため、焼き物で爆弾を造ったのだろう』とうわさしていた。

貞包さん方で造られた期間ははっきりしないが半年程度と短く、秘密の漏れる恐れがあることを理由に別の所へ移したという。その後、どこで造られ、また、ほかに製造所があったかなどは不明。

塩田町は天草産の石灰石と陶石を陸上げし、町内で陶土を製造し、有田町の窯業に原料を供給している。七三一部隊が、塩田製の陶土を、細菌爆弾の原材料として着目したのかもしれない。こうなると「宇治型」の命名所以は別にあったとも考えられる。

また「ハルピンの小さな研究所」とは終戦直前まで七三一部隊第三部通称「南棟」の建物を指している。浜江駅付近、現在の南通大街にあり、ハルピン陸軍病院と接近していた。

第三部で製造された細菌爆弾については後述するが、弾筒を陶製にしたところに石井四郎の独創的発明がある。通常の鋼鉄製弾筒では大量の火薬を要し、炸裂時の高温でペスト・ノミやネズミが死んでしまううえに落下地点に証拠を残す。低温少量の火薬によって爆発し、粉砕されて証拠を留めず、細菌を損わないという条件をすべて充たすものとして硅藻土製弾筒が発明された。塩田町で発見された弾筒が細菌爆弾であれば、ハルピンの小さな研究所の製造設備だけでは需要を賄えなかったのか、あるいは塩田町の陶土が適していたのかもしれない。

次に報告書は「攻撃的細菌戦活動」に入る。

八、攻撃的細菌戦活動

a　細菌の研究――腸チフスとパラチフス、コレラ、赤痢、炭疽、馬鼻疽、ペスト、破傷風、ガス壊疽などの病源菌および濾過性ウイルスやリケッチャなどが細菌戦の立場から研究された。野外実験で兵器に使用された細菌は、伝染性のないB枯葉菌とB霊菌に限られていたと石井は言った。馬鼻疽の野外実験はわずか一回だけ行われた、と石井は主張した（この実験の性質はわからなかった）。感染の危険と馬鼻疽の犠牲者が一人でたので、それ以上の実験は中止され、馬鼻疽菌に関する研究は免疫剤と治療用軟膏の開発努力に限られた。石井はPペストの野外実験が実施されたことを否定した。逆作用の恐れと齧歯類による広がりの恐れというの攻撃面で最も効果的と考えられる細菌についての意見を求められて石井は、ただ推測しかできないが、特定の細菌の効果は関係地域の気候とそこで実施されている衛生措置にかかっている、とのべた。

が、石井のあげた、ペスト研究を研究室内に限定した理由であった。

b　細菌の大量生産——ワクチン目的の細菌の大量生産用に石井が発明した培養キャビネが細菌戦野外実験用の細菌生産手段であった。キャビネは二重扉のついたジュラルミンの箱から成り、固体培養基上で細菌が表面成育するための流し箱（トレイ）が入れてあった。この流し箱に、扉にあるカバーのついた空間から溶けた培養基を注ぎ込むだけで自動的に一定の深さまで培養基を敷くことができた。流し箱には綿棒で細菌を植えつけ、増殖菌は小さな金属製の掻（か）き棒でかき取られた。大量生産のためには三十から四十台のキャビネが使用された。

近くの日本軍病院の技術者の援助をうけて石井は培養キャビネの使用法を実演した。溶けた標準寒天培養基七リットルを使って、キャビネを倒し、扉の穴から培養基を注入し、そしてキャビネをまっすぐに起こして、それぞれの流し箱に深さ九ミリの層を自動的に作った。もう一つのキャビネはすでに前もってB大腸菌を植えつけられていたもので、これから約百六十グラムの液状表面培養菌が得られた。

このキャビネの使用により、標準研究室設備を使用して生産するよりもはるかに大きな生産が可能となった。石井によると、このキャビネの開発は主として日本軍が野戦で必要とする各種ワクチンの需要の増大にこたえるためであった。細菌の生産や大量貯蔵はけっして行なわれなかったし、また戦術的使用に使えるようにはなっていなかった。

c　散布方法——細菌戦用細菌の散布方法で平房(ピンファン)で研究されたものには次のものが含まれていた。(1)爆弾、(2)砲弾、(3)航空機からのスプレー散布。伝染性細菌の効果的散布手段の開発の主要な努力はまず細菌戦爆弾に注ぎ込まれた。改造砲弾や航空機からのスプレー散布の予備実験は二、三回実施された。

ここでいうスプレーとは細菌を含んだ液体を霧化して噴霧するエアゾルである。空から煙霧となっておおいかぶさって来る細菌から人は逃れようがない。これは石井中将が考案した卓抜なアイディアであり、この方法によって伝染病の自然感染経路を人為的に変更してしまった。

(1)　爆弾。　一九四〇年までに細菌散布用に設計された九種の航空機投下爆弾が開発され、野外実験が行なわれた。そのなかには、地上汚染、伝染雲をつくるように設計された爆弾や汚染した爆弾の破片や榴霰弾(りゅうさんだん)による傷感染で人的損害をつくりだす破砕弾薬が含まれていた。一番最初の弾薬は化学戦爆弾を改造したものであった。その後、独自の設計による爆弾の開発が行なわれ、それには導爆線で爆発させる陶器製およびガラス製弾筒の爆弾やガス放射スプレー爆弾が含まれていた。

ガラス製爆弾の意味は深長である。七三一の一隅にガラス工房がありガラス工芸の名人が配属されていた事実がある。多くの元隊員が鉄の吹き竿(さお)の先端に融けたガラスを巻き取り、息を吹き込みながら各種のびんや置物などを自由自在に成形していた老職人を憶えていた。

ガラス工芸の名人が七三一にいた理由はこれまで実験用ビーカーやフラスコなど精密性を求められるガラス製実験用具の製作のためと考えられていた。だが報告の中の「ガラス製弾筒」と微妙な相関関係を推測させる。

石井が言うには、これら爆弾はすべて平房(ピンファン)施設の設備とハルピンの研究所において正規の兵器要員の援助もなく石井部隊の要員によって開発され製造された。爆弾の専門家の協力を得ていたならば弾薬開発ではもっと進歩していただろうと石井は認めた。細菌戦弾薬用に後に改造された爆弾や爆薬、信管などは正規の供給ルートを通じて取得された。平房で開発されたすべての爆弾の主要な欠陥の一つは不良信管で、石井の言うところではすべて旧式の砲弾用信管を改造したものであった。

石井は、これらの爆弾は実験用モデルであり、その実用性を証明し、また同様の兵器に対する必要な防御措置を知るためだけに十分な数量が生産された、と強調した。石井の提供した次の爆弾生産データは石井の主張に照らしてみて驚くべきものである。

爆弾	生産数の概算	製造年
イ	三百	一九三七年
ロ	三百	一九三七年

ハ	五百	一九三八年
ニ	二百	一九三九年
旧型ウジ	三百	一九三八年
50型ウジ	五百	一九四〇—一九四一年
100型ウジ	三百	一九四〇—一九四二年
ガ	五十	一九四〇年
ウ	二十	一九三九年

石井は野外実験で使われた爆弾の数については不確かであった。彼は、それぞれの爆弾についてはきわめて少数の実験しか行なわれず、残りの爆弾は平房（ピンファン）撤退に先立って破棄されたと推測していた。最初の弾薬が開発され実験されたのが一九三七年であった事実から明白なことは、細菌戦の分野における日本軍の活動はその時までに十分進行していたことである。

石井は、日本軍の活動についての他の報告でのべられている「母娘」無線爆弾やマーク7（七型）爆弾の存在を否定した。弾薬開発は一九四二年後はあまり続けられなかったが、それは石井によると、一九四三年までに物資の欠乏が感じられはじめていたからである。一九四四年には物資の不足と要員の前線への転属のために、平房施設は「息をとめられた状態」にいたっていた。

「母娘爆弾」とは一九四四年第九技術研究所権藤中尉の設計による文字通り母娘二個の爆弾

をワンセットにしたものである。「母」には無線送信装置が取りつけられ、電波で「娘」と結ばれている。母を投下すると娘がその上空数十メートルの間隔を保って続き、母が地上に到達して爆発すると同時に電波の送信が止み、それが娘の地上至近距離での爆発を促すように設計されていた。母娘の組み合わせによって常に一定高度でのエアゾル汚染が可能となる。関係者の証言によると、この爆弾は一組が試作されただけで実用化されることなく終戦になったという。なお「マーク7」については不明である。

ハ爆弾と50型ウジ爆弾を石井は平房(ピンファン)で開発された弾薬のうち最も有望だと考えていた。欠陥を是正し兵器専門家による改良を加えれば、この二種の爆弾は効果的な弾薬にすることができると石井は思っていた。

弾薬の見本はどこで見つけられるかとの質問に対し、石井は残っていた爆弾全部と平房施設全体が情報的価値のあるすべてのものとともに、ハルピン地域へのソ連の進入に先立って破棄されたとのべた（**注・**石井の証言の確認のためにハルピン地域に入ることは、ソ連が占領しているために不可能であった）。これら独自の爆弾の記録や青写真、写真、サンプルも入手できないので、石井に記憶にもとづいて弾薬の略図をつくるよう求めた。石井の提出した爆弾略図から作った図面の写しは添付のとおりである（**資料1　付録四**）。

訊問のいくつかの時点で石井は詳細を強く求められると、関東軍防疫給水部のような大きな組織の長としては時間の多くが管理問題で忙殺されたので細かな技術的詳細に精通していると

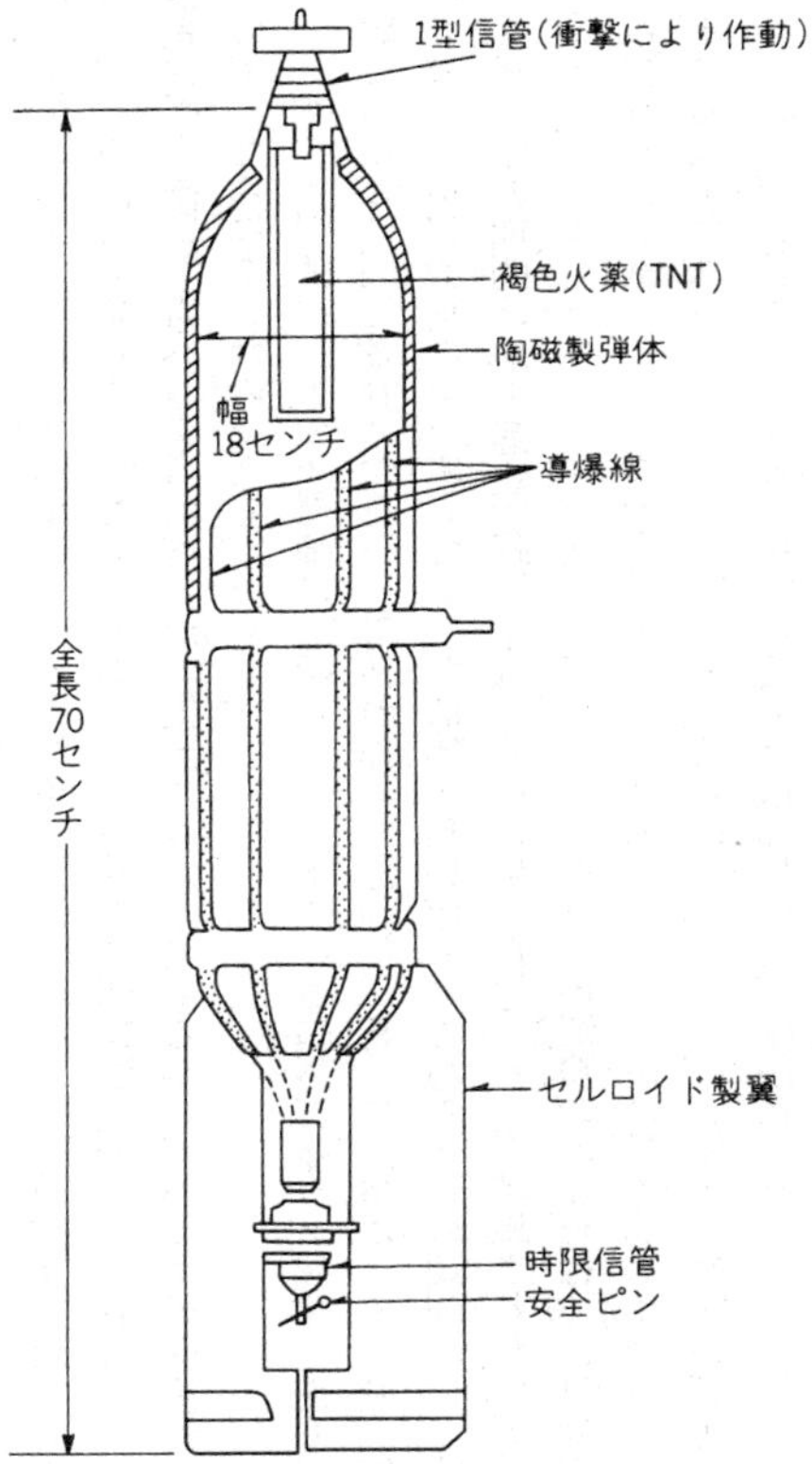

50型宇治式爆弾
（磁器製）

「50型ウジ細菌爆弾」の設計仕訳図（米国防総省保管）。独創的なシステムは、調査に当たった米軍担当官を驚嘆させた。

思われては困ると反論した。しかし石井から得た爆弾の詳しい略図その他の技術的情報は詳しい技術データについての驚くべき精通ぶりを示している。それは、細菌戦の研究と開発に関するすべての記録は破棄されたとの主張に疑問をいだかせるものである。おそらくは、石井の提出した情報の多くは彼の平房(ピンファン)でのかつての同僚、当時その幾人かは東京またはその近くにいたので、その協力でまとめられたものであろう。石井の訊問は断続的に行なわれ、しかも多くの情報は図面や質問書への文書回答の形で提出されたのであるから、かつての同僚に相談する機会はふんだんにあったのである。

(a) イ爆弾。このイ爆弾は、容量二リットルの改造型20kgガス爆弾であり、細菌液の散布のために開発されたおそらく最初の弾薬であった。着地の衝撃による弾頭の爆発によって弾尾部が吹っ飛んで充塡(じゅうてん)してあった液体が飛び散るのである。この爆弾は一九三七年—一九三八年の期間に地上静止実験および航空機投下実験によって試験された。実験の際には〇・一パーセントのフクシン溶液や二—五パーセントの澱粉(でんぷん)溶液または非伝染性細菌が爆弾の容量の約七割のところまで充塡された。百×五百メートルの長方形の格子(グリッド)で、充塡物により試験紙またはペトリ皿を二十メートル間隔にならべたものを使って散布の評価を行なった。冬には、雪を利用して爆弾の中味の有効分散面積の測定手段にした。風速毎秒五メートルで十—十五メートル×百—百五十メートルの面積が地上静止爆発の場合の散布面積であった。航空機から投下された場合には爆弾は爆発前に地中に潜り込んでしまい、その結果として深い漏斗状のクレーターが出来て中味の分散効果はほとんどなかった。クレーターの深さは投下高度によって決まった。高度千メートルから投下されると深さ〇・五―一メートル、二千メートルからでは深さ一―一・五メートル、四千メートルの落下では二・五―三メートルのクレーターになった。爆発前に地中にめり込む傾向があり、容量が小さく、不発率が高いために、イ爆弾は不十分であるとみなされ、放棄された。

(b)　ロ爆弾。　ロ爆弾は寸法も外観もイ爆弾に似ていた。頭部は新しい設計で、前部隔室と後部隔室を含んでいた。接地と同時に前部隔室が爆発して爆弾本体を空中に十から十五メートル投げ上げる。そして次に後部隔室が爆発して尾部を吹き飛ばしてその中味を射出する。実験時の爆弾の充塡物はイ爆弾と同じであり、実験も同じようなグリッドで行なわれた。静止実験では分散面積は二十―三十×二百―三百メートルとなった。投下実験の結果はイ爆弾とほぼ同じであった。不発率はイ爆弾よりも高かったが、主として同じく欠陥信管のためであった。イ爆弾の場合と同じ理由で、ロ爆弾はそれ以上改良の価値があるとはみなされず放棄された。

(c)　ハ爆弾。　40kgハ爆弾は破砕爆弾であり、脾脱疽(ひだつそ)胚種で汚染した爆弾破片や榴霰弾(りゅうさんだん)の射出による破壊効果をめざす設計であった。この爆弾は二重壁式で、中央の炸薬(さくやく)管のまわりに厚さ十ミリの破砕性の鉄壁をめぐらし、この鉄壁と鋼製弾筒の間に充塡物を入れていた。充塡室は容量が七百立方センチメートルあり、約千五百個の鋼球を入れて爆弾破片の破壊効果を大きくしていた。充塡室と鋼球には防蝕のためのベークライト・ワニス塗装がほどこされていた。弾頭および弾尾に着発信管を装着し、弾頭隔室および弾尾隔室と中央炸薬管にT

NT三キロを含んだこの爆弾は、弾着時に爆発して高速度で水平方向に爆弾破片や榴霰弾、脾脱疽胚種をまきちらしたのである。

ハ爆弾の野外実験は一九三八年と一九三九年の期間に行なわれた。静止実験には染料溶液と微生物が充填物として使われた。爆弾の破片と榴霰弾の寸法や分散、貫通力は、爆弾の爆発地点から同心円状に配置した直立板標的から成るグリッドを使って測定された。実験動物も同様のパターンで配置された。冬期には、凍った氷土から破片を回収することによって破砕分布を測定した。破片や榴霰弾の投射は四百から五百メートルの距離で、半径五十メートル以内では一平方メートル当たり約一個の破片または榴霰弾という密度であった。爆弾の破片と榴霰弾は回収され、付着微生物の生育力の調査がされた。投下実験は航空機から行なわれ、爆弾の機能と不発率の測定を目的とした。

さらに爆弾を砂中五メートルの深さに埋めての破砕研究も行なわれた。爆弾は電気的に爆発させられ、砂をふるいにかけて破片の寸法を推定した。回収された破片の約十パーセントが一から三グラム、二十パーセントが三から五グラム、二十五パーセントが五から十グラム、四十パーセントが十から十五グラム、五パーセントが十五グラム以上の重さであった。

ハ爆弾にはいくつかの欠陥があった。大量生産をするには複雑すぎると考えられていた。薄い弾筒は頭部と尾部に溶接され、取扱いや輸送のショックに耐えられなかった。細菌の漏出がしばしば発生し、爆弾取扱要員の感染の危険があった。航空機内での爆弾の懸架は、爆弾の形が標準型航空機爆弾の形とは異なっていたために困難であった。重炸薬は微生物の四十から六十五パーセントを破壊した。こうした欠陥にもかかわらずハ爆弾は将来性があると考えられていた。石井は、爆弾の専門家によって欠陥を是正して開発をすすめるならば、ハ爆弾は効果的な弾薬にすることができる、と信じていた。

(d)　ニ爆弾。　50kgニ爆弾は全体的設計がハ爆弾と同じものであった。弾体は約百ミリ長く、一リットルの装塡容量があった。だが、炸薬は、ハ爆弾に使われた炸薬のわずか五十パーセントであった。炸薬が少ないので細菌の生存率は高かったが、爆弾破片の貫通力と分散面積はそれほど大きくなかった。一九三九年の爆弾実験の結果は「かなり良い」とされ、この爆弾はさらに開発の価値がある、とみなされていたのである。

(e)　ウ爆弾。　30kgウ爆弾は、圧搾空気によってあらかじめ設定した高度で液体を噴霧する設計になっていた。この爆弾には噴射ヘッドをおおう着脱式弾頭があった。着発弾頭信管と尾部延期装置信管、航空機からの投下時から作動する尾部自己秒時調定装置（セルフ・タイマー）を装備していた。このセルフ・タイマーの作動によって中央炸薬管を前方に動かし、噴射ヘッドから着脱式弾頭を分離した。中央炸薬管の前方への移動はまた圧搾空気を放出して噴射ヘッドから爆弾充塡物の噴霧を行なわせた。地上に達したときに爆弾はそれ自体が爆発した。この爆弾はわずか二十発だけしか製造されず、爆弾機能の測定のための実験以外はまったく野外実験が行なわれなかった、と石井は語った。中味の漏出や信管の欠陥、不正確な秒時調定装置、複雑な構造のために、このウ爆弾はさらに開発する価値があるとはみなされず、放棄された。

(f) 旧型ウジ爆弾。 一九三八年には日本の細菌戦弾薬開発の傾向は、設計がより簡素で、容量がより大きく、破砕と生存細菌の散布のために必要な炸薬が最小限の爆弾をめざしていた。この目標は石井が具体的に表明したものではないが、初期の弾薬についての石井の批判と、その後の爆弾開発についての考えから結論づけられるものである。TNTと黒色火薬の重炸薬を使用するので充塡物に破壊的影響を与える鋼鉄製の爆弾から、その後の努力は、炸薬として導爆線または導爆線と最小限のTNT火薬を使う陶器製爆弾やガラス製爆弾の設計・開発にむけられた。

陶器製ウジ爆弾は、爆弾開発におけるこの傾向の成果であった。原型は、石井により「旧型ウジ」爆弾と名づけられ、重さ二十五キログラムで約十八リットルの容量があった。陶器製弾筒の外側には縦溝があり、導爆線四メートルの爆薬を収容するようになっていた。爆弾の充塡は、金属製ネジ・キャップで蓋をした頭部の穴からおこなわれた。爆弾の弾底にはセルロイド製安定板がとりつけられていた。爆弾には尾部に時限信管がつけられていて、調定された高度の空中で爆発して陶器製弾筒が破砕し、中味が散布する設計であった。陶器破片の貫通力はほとんどなかったが、地上では探知困難であった。この爆弾は一九三八年に、イ、ロ、ハの各爆弾の場合と同じような野外配置で、染料または澱粉溶液と非病源性微生物懸濁液を使って実験された。静止実験では、高さ十五メートルの爆発で風速毎秒五メートルで分散面積二十―三十×五百―六百メートルであった。投下実験では、爆弾の爆発高度が二百から三百メートルで分散面積は二十―三十×六百―七百メートルであった。散布された液体の粒子の大きさは、「雨のしずくの大きさの小滴や凝集による大きな滴から、直径五十ミクロンの粒子」にいたるまでさまざまであった。

旧型ウジ爆弾の欠点は数多かった、と石井は語った。陶器製弾筒は手荒い取扱いに耐えられなかった。中味の漏出が金属製の充塡プラグと陶器製弾筒の接合部で発生した。爆弾の重量と寸法が一様でないので弾道は定まらなかった。爆弾は容量の七十パーセントまで充塡して中味が膨張してもよいようにしていたため、その空隙（くうげき）が原因となって爆弾の縦回転がおきた。陶器製安定板は温かい天候ではそりかえって弾道をさらにゆがめ、天気が寒いと脆くなって、よく飛行中に脱落した。信管は不完全で、爆発高度を正確に定めることはできなかった。爆弾の容量は十分であるとみなされ、細菌に対する金属の悪影響は陶器製弾筒の使用によりなくなった。しかし、この爆弾はさらに開発する価値があるとはみなされなかった。

(g)　ガ爆弾。　35kgガ爆弾は、旧型ウジ爆弾のガラス製弾筒実験用モデルであった。縦溝でなくて、螺旋（らせん）溝に導爆線の爆薬を入れていた。このモデルは二十発しか製造されなかった。旧型ウジ爆弾とほとんど同じ欠陥を持ち、少数回の予備実験を行なったあと放棄された。

(h)　50型ウジ爆弾。　二十五キログラム、十リットルの50型ウジ爆弾はウジシリーズの改良型の一つであった。頭部には着発、延期装置信管とTNT火薬五百グラム入りの炸薬管が入っていた。尾部の時限信管は高度二百から三百メートルで四メートルの導爆線を起爆させて爆弾を炸裂させた。尾部信管と導爆線が機能しなかった場合には、爆弾の炸裂と中味の散布は頭部の炸薬充塡弾によって着地時に確実におこるようになっていた。

このモデルは約五百発が一九四〇年と一九四一年に製造され、広範な野外実験が一九四〇年から一九四二年までの期間に行なわれた。爆弾は、静止爆発および航空機投下によって実験された。初期の実験では、染料溶液と非病源性微生物の懸濁液が爆弾に充塡された。後の実験は、脾脱疽胚種の懸濁液を充塡して行なわれた。この懸濁液は液体一立方センチ当たり五十から百ミリグラムの胚種の濃度であった。散布の測定のためには、充塡物によって試験紙またはペトリ皿を野外に配置して使用した。脾脱疽実験の際には、牛、馬、山羊、羊などの大型動物が実験動物として使われた。

投下実験では、風速毎秒五メートル、爆発高度二百から三百メートルで、散布面積四十―六十×六百―八百メートルが得られた。

高さ十五メートル、同じ風速の静止実験による散布面積は約二十―三十×五百―六百メートルであった。脾脱疽実験では、爆弾は高さ十五メートルのところで静止爆発された。その後動物は風下の汚染地で一、二時間草を食べさせられた。脾脱疽による感染と死は、汚染地で草を食べた馬のほぼ七十パーセント、羊の九十パーセントであった。

50型ウジ爆弾はなおまだ旧モデルの欠陥のいくつかを持っていたが、より効果的になったとみなされていた。石井は、専門家の手で欠陥を是正し開発をすすめれば、50型ウジ爆弾は効果的な細菌戦兵器にすることができると感じていた。

(i) 100型ウジ爆弾。50kg100型ウジ爆弾は50型を大きくしたモデルであった。この爆弾の積載容量は約二十五リットルであった。炸薬としては、約十二メートルの導爆線が使われた。三百発が製造され、一九四〇年から一九四二年までの期間に50型と同じような方法で広範な実験が行なわれた。このモデルは大きさが問題であり、取扱い中にこわれる可能性があるため、50型のように実用的であるとはみなされなかった。

(2)　砲弾。　二種類の型の砲弾が細菌戦用細菌の散布手段として調査研究された。「H」砲弾と名づけられた標準型ガス弾と、榴霰弾「B」砲弾とがハイラル近くの砂漠で実験された。砲弾には染料溶液や一立方センチメートル当たり二百から五百ミリグラムの濃度のブイヨン（細菌培養液）が充塡された。砲弾は三千メートルの距離から発射され、標的は二十メートル間隔に試験紙またはペトリ皿を並べた五百メートル平方の土地であった。「B」砲弾の実験では、五百メートル平方のところに二十メートル間隔で並べた標的板を使って命中測定を行なった。実験の主要目的の一つは、砲弾によって散布される細菌の生存率を測定することであった。ほとんど標的に命中しなかったので、確定的なデータは得られず、この方法による散布は実用的でないとみなされた、と石井はのべた。

(3)　航空機からの噴霧。　石井の証言によると、航空機からの噴霧による細菌の散布効率を測定するため平房（ピンファン）の近くで約十回の実験が行なわれた。航空機には圧搾空気タンク一基と噴霧溶液用タンク一基が装備された。圧搾空気がスプレー・タンクに送られ、航空機の尾部近くのダクトを通じて噴霧液を空中に押しだす。染料溶液と非病源性微生物の懸濁液が試験液として使用された。使用された染料はフクシンまたはアニリン赤色染料の〇・一パーセント溶液であった。B枯葉菌とB霊菌が試験用微生物として使われた。航空機から噴霧される着色溶液を霧の結果の微生物密度は、研究室でペトリ皿を培養試験して推定した。噴寸法と密度は目盛レンズを使って試験紙から計算し、標準試験紙を使って比較を行なった。粒子が使われた。標準寒天培養基入りのペトリ皿が同じように並べられて微生物を探知した。探知するために、千メートル平方にわたって五十メートル間隔で白い試験紙を並べたグリッド

高度五百メートル以下での噴霧が、探知可能な結果をもたらした。噴霧でつくられた粒子の直径は三ミリから五十ミクロンであった。高度三千メートル以上で噴霧したときには微生物は回収されなかった。噴霧機構の作動にはかなりの困難が経験された。あるときなどは圧搾空気タンクが破裂し、操作員が負傷した。石井によると、噴霧実験の結果は不十分だとみなされ、この方法による散布は役立たず、利用価値がないとの結論になった。

(4) 謀略破壊。日本側が敵による井戸の汚染にひんぱんに言及すること、また野戦浄水のため制度化されていた措置が広範なことから明らかなように、破壊工作員による感染性細菌の散布は攻守両面の観点から重視されていた。石井は謀略破壊がおそらく細菌戦の最も効果的な方法だった、と示唆した。この活動における要員の訓練は、情報報告にのべられているが、否定された。

謀略破壊について取得された唯一の具体的情報は、石井のかつての同僚で、東京の陸軍軍医学校で行なわれていた細菌戦研究に関係していたナイトウ・リョウイチ（音訳）中佐から聞いたものである。石井は、この研究所で行なわれていた細菌戦研究は防疫上の防御的研究に限られていた、と主張した。しかし、ナイトウは陸軍軍医学校で行なわれていた細菌戦研究と防疫

研究の間には明確な区分はなかったが、攻撃的細菌戦の含みをもつ研究が実施されていた、と証言した。ナイトウの発言によると、細菌戦研究の一段階は食料の謀略破壊に使える安定した毒の探求であった。この研究のほとんどは、フグの肝臓からとれる耐熱「フグ毒」に集中していた。ネズミが一ガンマで死に至るまでにこの毒素を凝縮する試みが行なわれた。人間用にはこれに相当する量でもってこの毒素は謀略破壊活動に実用できると計算されていた。その程度までの精製はできずじまいで、一九四四年十一月のB―29の空襲で努力は中断され、一九四五年四月の陸軍軍医学校の火災による破壊で全てが終わりとなった。

七三一には草味班（薬理研究）と姉妹班の関係にあるS班と呼ばれる要人暗殺の実戦技術専門研究班があった。元隊員の中には、帝銀事件が「元S班員とGHQ防疫セクションのある個人による共同犯行である」と直言する者もいる。S班メンバーの戦後の足跡は不明である。

九、防御的細菌戦活動

防疫給水のための措置の増強が細菌戦に対する最も効果的な防御であるとみなされていた。防疫給水部の固定部隊および機動部隊は広範に分散配置され、自然発生の流行性の病気および敵がもちこんだ可能性のある病気を警戒し、その発見と予防、抑制に責任を負っていた。防疫学研究とワクチンや血清その他の治療剤の生産が平房（ピンファン）施設および陸軍軍医学校で細菌戦防御の手段として強化された。軍医要員に対する細菌戦の防御面に関する防疫上の教育はいずれの施設においても同じように行なわれた。

平房(ピンファン)での攻撃実験で明らかになった細菌戦兵器の潜在能力に対する防御として、次の手段が開発された、と石井はのべた。

a　伏せて低地または物体を利用した防御。

b　鉄カブトと防弾衣。

c　全身をおおうための、強化セロハンおよび柿(かき)の渋を塗った紙のおおい。

d　薄い絹製のゴム引きの防護衣と正規の陸軍ガス・マスク。

e　防護軟膏(なんこう)。防護軟膏についての詳しい情報を求められ、石井は馬鼻疽菌に効く軟膏が開発され、つぎのような処方であると答えた。

酸素シアン化塩第二水銀	0.1
澱粉	7.0
トラガカントゴム粉	2.0
薬用石けん	1.0
グリセリン	1.0
水	100.0

f　機動野戦消毒車

(1)「A」車は地面消毒用

(2)「B」車は要員や着衣の消毒用

g　機動野戦探知・診断車
h　伝染病対策部隊、設備、補給品の輸送と患者の早期後送のための航空機
i　病院列車と病院船の設備
j　ワクチンや血清、その他マルファニルやペニシリンを含む治療薬の増産
k　伝染病の早期発見と治療
l　陸軍全体の予防接種の実施

さらに防御措置の一つとして、憲兵隊と防疫給水部の間で連絡が維持された。憲兵隊は補助的なものとして、細菌戦事件の監視、証拠の収集、破壊工作者の逮捕のための情報網として役立った。この部隊の要員は専門的訓練を受けていないので、防疫給水部の要員から初歩的な細菌学と伝染病学の基礎教育を受けた。その教育には、より一般的な病気の徴候、その広がり方、応急処置法が含まれていた。見たところ重要でない事件を不当に強調すべきではないが、見過ごしてはならないと教えられた。直属の司令官に迅速に報告を行ない、それを受けた司令官は最寄りの防疫給水部に報告し、そこで適切な措置が講じられることになっていた。

十、細菌戦にたいする海軍の関心

捕獲された日本側文書の中で海軍のマーク7（七型）細菌爆弾に言及し、また細菌戦研究を含む危険な任務にたずさわる海軍要員への特別支払いに言及していることは、海軍の細菌戦活動がありうることを示していた。この示唆を証明する証拠はなにも発見されなかった。海軍の

マーク7爆弾の存在は、面接調査を受けた陸・海軍要員の全員が否定した。

一九四一年十月から一九四四年七月まで海軍大臣であったシマダ・シゲタロウ（音訳）提督は、細菌戦任務のための特別給与支払いを列挙している海軍省文書について訊問を受けた。彼は海軍の細菌戦活動を否定し、文書中の細菌戦への言及は「海軍規則の起草担当者がおそらく将来に目をむけて細菌戦を想定して個人の責任で」挿入したのだ、と説明した。その言及は海軍軍医総監室から出たのであろう、とシマダは語った。シマダは細菌兵器は海軍作戦には実用性も効果もない兵器だとみなしていた。

細菌戦研究について陸軍と海軍の間に協力が存在しなかったのは明白である。さらに、この分野で海軍が独自の研究を行なったという証拠も発見されなかった。シマダの証言が示すところでは、日本海軍は少なくとも防御的立場から細菌戦に関心をもち、細菌戦の防御面での連絡が陸軍と海軍の軍医総監の間に存在していたようである。

嶋田繁太郎は昭和十六年十月より東条内閣の海相、「東条の副官」とかげ口をきかれた。終戦後A級戦犯として終身刑の判決をうけた。釈放後マスコミに対して一切黙秘した。

十一、攻撃的細菌戦開発で進展がなかった理由

平房施設で攻撃用細菌兵器研究が集中的に行なわれたにもかかわらず、日本は細菌兵器を実用兵器として使用する準備はまったくできなかった。攻撃的細菌戦開発に進展がなかったこと

について石井ののべた理由は、大要次のとおりである。
a　日本の細菌戦研究の主たる動機は防御であった。
b　細菌戦研究の公式指令はまったく存在しておらず、したがって必要な資金、要員、設備も入手できなかった。
c　有能な技術要員の不足。細菌戦研究の事故に対する補償はきわめて不十分であった。そのため、この分野は有能な研究者に魅力がなかった。
d　有能な要員の不足のため、協議のための科学諮問委員会もできなかった。
e　日本での基本的資材の不足。
f　最高司令部による支持の欠如。科学の重要性は認められなかった。彼（最高司令部の要員）は公平な判断能力がなく、しかも科学者を尊重しなかったので、誤解と迷信が科学的問題についてはびこった。
g　防諜は不可能であり、日本は報復を恐れていた。

十二、細菌戦の実用性

石井その他が細菌戦の実用性についてのべた結論は次のとおりである。
a　攻撃兵器としての細菌兵器の実用性は、実証が残されている。
b　伝染病を成功的に発生させるに必要な細菌兵器剤と多数の基本条件が不安定であるために、大規模な細菌兵器の効果的使用は疑わしい。

c　細菌戦は破壊工作の手段として小規模なら効果的かもしれない。
d　細菌戦に対する防衛は、適切な防疫措置の開発で可能となる。
e　細菌兵器は、別の兵器で勝利しつつある戦争では使う必要がなくなるし、敗戦では効果的使用は不可能となる。
f　細菌兵器は決定的兵器ではなく、せいぜい補助的兵器にしかなれない。

これ以後「機構表」と「研究内容および範囲」は巻末に掲げる。

第四章　悪魔は復活したのか？

ラッテ・マウスの故郷村

石井四郎軍医中将らが、GHQ＝G2の執拗な訊問調査を受けてから約四年後の一九五〇年（昭和二十五年）二月のことである。

埼玉県北葛飾郡川辺村に川辺村試験動物飼育組合（以後「試験動物組合」）と名乗る風変わりな協同組合が誕生した。

川辺村は現在の埼玉県庄和町である。埼玉県東部にあり、江戸川と庄内古川にはさまれた台地と低地から成る県下の穀倉地帯である。町制が敷かれたのは一九六四年（昭和三十九年）であるが、町制施行以前は、川辺、南桜井、富多、宝珠花の各村に分かれていた。

結成された「試験動物組合」には川辺村在郷の農民約四十名が参加した。ここに結成当時の規約がある。全文十五条から成る長文のものであるが、その性格を具体的に示す四条までを紹介しよう。

川辺村試験動物飼育組合規約

第一条　この組合はモルモットの増殖を図り其の事業の改良につとめ組合員の福利増進に寄与するを以て目的とする

第二条　この組合の目的達成のため左の事業を行う
一、モルモットの共同販売　二、品種改良　三、飼育方法の研究　四、飼料の共同購入　五、其の他之に附帯する一切の事業
第三条　本組合は川辺村モルモット飼育組合と称す
第四条　本組合の組合員は試験動物の飼育者並に之に協力する意志を有するものとする（以下略）

一読なんの変哲もない組合規約である。だが、現代における恐怖はほとんどの場合ありふれた日常性の背後に隠れている。「試験動物飼育組合」の場合もそうであった。

規約、事務所、組合員加入、役員選出根回し等の完了を受けて、この年の五月、組合結成式が挙行された。式当日、埼玉県南埼玉郡春日部(かすかべ)町（現在の春日部市）粕壁(かすかべ)に所在する「日本実験動物綜合(そうごう)研究所」から、小林姓の男が挨拶(あいさつ)に訪れた。小林は身長一メートル七〇ぐらい、栄養過剰の上半身と人なつこい笑顔が特徴の四十男であった。

小林の所属する「日本実験動物綜合研究所」は、結成された「試験動物組合」の設立にあたって、人集め、事業内容説明、規約整備、動物（モルモット）買い付け等の世話を焼いた。綜合研究所と川辺村飼育組合とは、実質上の上部・下部組織の関係にあった。

小林の名刺の肩書には前記綜合研究所主事・会計主任と刷(す)られている。

結成式に参加した川辺村農民を前に小林は一場の演説を打った。

「只今ご紹介を受けました私、小林でございます。川辺村試験動物飼育組合の結成式おめでとうございます。このような組合がどこの村にもできると良いと思っています」

「戦前には春日部周辺の村には、どこへ行っても試験動物の飼育が盛んで、村々に生産組合がありましたが、終戦後は一時の食糧事情悪化等もあり、モルモットを買い上げる研究機関もなくなり、需用が絶えたために飼育者がいなくなったのでありますが、最近は再び需用が増えてまいったのでございます」

「……戦争中、私は満州に在りました関東軍防疫給水部本部という、軍の伝染病研究所の仕事にたずさわっておりました。この部隊の部隊長は石井四郎閣下といって、軍医中将の位にあった偉い人でありました」

「私は石井閣下の副官をつとめたこともあり、その後、関東軍防疫給水部本部の資材調達の任務に移り、春日部の小沢さんのところなどは、よく来たものでございます。当時はたくさんのネズミやモルモットを近在の村々から買い集め、飛行機で満州へ送っておりました。伝染病の研究のためであります……」

「……石井閣下の部隊は、天皇陛下の命令で編成された日本陸軍唯一の勅令部隊であったので、部隊の予算は無制限といってよいほどのものであったわけであります」

小林主事の挨拶が思わぬ方向へと走り出したため、農民たちの間に小さな波紋が広がった。小林主事のいった「春日部の小沢さん」は戦後、自由党（当時）埼玉県議の地方大ボスであり、農民たちに知られていた。また、「当時はたくさんのネズミやモルモット」云々の話も、農民たちに覚えがあった。

――戦前、埼玉県南埼玉郡春日部町一帯の農家を回り、ラッテ・マウスの飼育を奨励、買い上げる仲買人がいた。仲買人はやがて「埼玉県医学試験動物生産組合」を設立し、自ら組合長におさまり、南埼玉郡各町村に〝支部〟を置くまで事業を拡大した。

――仲買人は軍にネズミを納入する御用商人となり、ラッテ・マウス用として大量の飼料、金網の割り当てを受けてはこれを闇に流し、暴利を貪るようになった。生活必需品が配給切符制になり物資が欠乏し、闇値がまかり通っていた時代である。仲買人の儲利ぶりは、当時の〝死の商人〟ミニチュア版といってよかった。終戦と同時に仲買人は蓄積した闇資金を踏まえて地方政界に打って出、県会議員となった。また仲買人は、「日本実験動物綜合研究所」を設立し、再びラッテ・マウスの買い付けを開始した。この仲買人こそ、小林主事の挨拶に登場してきた「春日部の小沢さん」その人だったのである。

農民たちの小さなざわめきをよそに、小林主事は挨拶を続けた。

「……関東軍防疫給水部本部は本当に大した部隊でありまして、専属の飛行場を持っており、私などは部隊の専用飛行機で内地と満州の間を往来し、ネズミの納入を行なったものでありま す……時は移り、現在は日本の陸軍にかわって、アメリカ軍が伝染病の研究をしているのであります」

小林主事の話は急テンポで飛躍した。戦前、春日部町一帯の農家で飼育していたラッテ・マウスが、実は「石井閣下の部隊」に納入されていたことも初耳ならば、「日本の陸軍にかわって、アメリカ軍が伝染病の研究をしている」事実も、農民たちにとっては、はじめて聞く話であった。

小林主事の長広舌は続いた。

「……今や伝染病の研究といいますものは、単に医学上の意義にとどまらず、軍事上にもたいへん重要な役割を果たすものであります。石井閣下の部隊にいた多くの医学者は、だれもかれも大学教授の人たちばかりで、現在、アメリカの研究機関に働いておられる方も多いのであります」

「今、ソ連は、それらの学者の先生方を細菌戦犯だといって、裁判にかけることを要求いたしておりますが、マッカーサー司令官は絶対にこのような要求には応じないでありましょう」

「GHQ総司令部では石井閣下の細菌研究は実にすばらしいものだと誉めており、また石井閣下も今は総司令部のおかげでのんびりと研究を続けることができるといって喜んでおられるのであります」

「皆様方が組合を通して納めるラッテ・マウスは、すべてアメリカ陸軍の医学研究所に納めるもので、アメリカ関係に試験動物の納入を許されているのは、日本では私どもの『日本実験動物綜合研究所』だけであります。それができるのも石井閣下との関係からでございまして、これから先はラッテ・マウスの需用はアメリカ軍を中心に増加するばかりでありますから、皆さん大いに頑張って生産に励んでいただきたいことをお願い申し上げまして、私の挨拶を終わらせていただきます」

小林主事が着席すると、農民たちは驚きの表情を隠さぬまま筋張った手で拍手を送った。

月日が経過するにつれて、小沢所長、小林主事の所属する「日本実験動物綜合研究所」の奇怪な姿が浮かび上がってきた。

川辺村の農民たちは、小沢・小林の両者から繰り返し「石井閣下と米軍の関係」を聞かされ、また、いくつかのそれを裏付ける事実を目撃した。それは次のようなものであった。

――ＧＨＱ＝Ｇ２（小沢は、はっきりとＧ２の名をあげた）は、石井四郎ら元七三一部隊幹部多数を、米陸軍特殊部隊に編入した。特殊部隊の所在地は、東京都千代田区丸の内の三菱ビル内にあり、部隊名を「Ｊ２Ｃ４０６」と名乗っている。

――「Ｊ２Ｃ４０６」部隊は、ラッテ・マウスのほか、モルモット、ハムスター、ウサギ、ネコ、ニワトリ、カメ、カエル、カマキリ、サソリなどの小動物を大量に必要としている。「Ｊ２Ｃ４０６」は、小動物を伝染病研究のため買い付けるが、実は細菌戦実験を目的とした購入である。

――「日本実験動物綜合研究所」にはＧ２要員の木暮、飯田を名乗る日系二世二名がいる。飯田は「Ｊ２Ｃ４０６」部隊の補給主任として綜合研究所と４０６を結ぶパイプ役を果たしている。木暮の机の上には「ウイルス・グループ」「リケッチャ・グループ」などの英文字が記入されたメモ用紙が置かれてある。メモ用紙には元七三一医学者を指す、頭文字が書かれてある……。

――石井四郎は、東京都新宿区若松町七七の旅館若松荘を愛人に経営させる一方、旧陸軍軍医学校施設跡に「東京栄養研究所」の看板を掲げ、GHQ＝G2の委嘱（いしょく）を受けて細菌戦の研究を続けている。

小沢・小林両者が、川辺村農民たちに出した「試験動物」納入基準は厳格なものであった。モルモットは重量ごと六十グラム、七十グラム、八十グラム、九十グラムの四段階に仕分され、ハムスターは八十グラム、マウスは八―十五グラムと定められた。ウサギは四キログラム、ネコは二キログラムが〝基準〟であった。

一九五一年（昭和二十六年）に入ると、川辺村農民たちは増産につぐ増産で小動物を生産し「日本実験動物綜合研究所」に納入した。現金収入が保証される副業とあって、近在の村々に同業組合が続々と結成された。最盛期には月平均マウス十五万匹、モルモット二万―三万匹、ハムスター四千―五千匹が、綜合研究所を通して「J2C406」部隊に送られたという。

ある時、農民たちは小沢所長の経営する別会社内の動物集荷場へ、モルモットを納入しに行った。農民たちはそこで高さ一メートル八十、直径一メートル五十ほどの「木桶（きおけ）」を見た。いぶかしむ農民たちに、居合わせたG2要員で日系二世の木暮が「ボーフラを繁殖させ、蚊を採集するための木桶だ」と答えた。

埼玉県川辺村農民たちが、小動物の生産に取りかかるのとほぼ時を同じくして、朝鮮半島で大規模な軍事衝突が発生した。——

一九五〇年（昭和二十五年）六月二十五日未明、朝鮮半島三十八度線全域にわたり、南北朝鮮軍が全面的な戦争状態に突入したのである。開戦からほどなく、北朝鮮軍は三十八度線を越え、南下進撃を開始した。

これに米軍が介入し、国連は韓国援助の勧告採択を決議した。米・国連軍はいったん中・朝国境まで押し返したものの、中国軍が「抗米援朝」を唱えて参戦して来た。

勢いを盛り返した北朝鮮軍は中国軍とともに米・国連軍を各地で撃破しつつ再びピョンヤン、ソウルを奪回。一九五一年に入って両者一進一退のまま戦争は完全な泥沼状態となった。

朝鮮戦争への結節点

一九五一年七月十日にはじまった休戦会談も捕虜交換問題で暗礁に乗り上げたまま休戦への道を打開するに至らず、朝鮮半島全域にわたって戦火は絶えなかった。

一九五二年（昭和二十七年）に入って、一通の新華社電が世界中をかけめぐった。新華社は中国の国営通信社である。

「全国各民主党派、アメリカ軍の細菌散布に抗議」の見出しではじまる二月二十二日付新華社電の内容は実に驚くべきものであった。

「……本社前線記者の報道によるとアメリカ侵略軍は、いま、朝鮮前線や後方に対して正義と国際法に違反し、朝鮮居住民や、朝鮮・中国人民部隊の大規模な殺戮を目的とし、人間を絶滅しかねない細菌戦争を行なっている。今年の一月二十八日から二月十七日まで、アメリカ侵略軍の軍用機は、連続して朝鮮の我軍陣地と後方部隊に、大量の細菌と各種毒虫を散布した。一月二十八日、敵機は伊川東南、金谷里ほか一帯の地上に、三種類の昆虫――これまで朝鮮半島では見かけたことのない――細菌の付着した黒蝿、ノミ、クモを散布した。……」

続いて新華社電は、「アメリカ軍は、かつて日本帝国主義が中国を侵略していた時期に細菌戦を実行した大戦犯、石井四郎、若松和次郎、北野政次らの身柄を拘束し、東京から朝鮮半島へ移した。彼らは中国人民義勇軍の捕虜を対象に細菌戦の実験を行なったうえ、今回の蛮行に及んだ」という内容の続報を打電した。

石井四郎、北野政次は共に第七三一部隊の部隊長であり、若松和次郎は七三一の姉妹部隊第一〇〇部隊の長である。

日本の細菌戦部隊が、温存され、生きていた。

新華社電は全世界に波紋を広げた。米・国連軍当局はこれを「共産主義者の政治的宣伝であり事実無根」と反論した。

新華社電を掲載した中国「人民日報」は引き続き、朝鮮北部、中国東北部に投下された細菌爆弾と昆虫多数の写真を発表した。その中には、第七三一部隊が開発した「宇治爆弾」ほかに酷似した形状のものがあった。

はたして、石井、北野、若松ら旧日本陸軍の細菌戦部隊将校らは伝えられるとおり、朝鮮半島に渡ったのであろうか？　あるいは米軍当局が言うように「政治的プロパガンダであり、事実無根」にすぎなかったのか？　朝鮮戦争時における石井四郎らの行動は闇の中に閉ざされ、近代史の謎として今日に至っている。

『続・悪魔の飽食』が提出した〝謎〟を解くためには、なお新たなる一章を起こし、中国・朝鮮での現地取材をも行なう必要があろう。——

終章　第七三一部隊と朝鮮戦争の関連

悪魔は復活するか

『続・悪魔の飽食』の最終章を書く時期がきた。第一部の最終章において、私は「戦後七三一の研究を母体とする米陸軍細菌化学戦部隊の悪魔の成長の足跡を追跡してみるつもりである」と記述し、続編の執筆の近いことを予告した。

その予告は意外に早く実現して、今ここに『続・悪魔の飽食』の執筆を終わろうとしている。

当初私は、米軍によって〝承継〟された七三一の細菌戦データの一部が朝鮮戦争によって〝活用〟されたか否か時点まで、つまり〝悪魔は復活したか〟まで追跡するつもりであった。

しかしながら当初の展望と異なり、朝鮮戦争の入口を覗いたところで続編の筆をおくことになった。その理由の一は、米国防総省筋の協力を得て入手した、戦後石井四郎らがGHQの取調べに対して供述した調書（トムプソン・レポート）を中心とする取材が、当初の予想をはるかに上回って拡大したためである。ドキュメントの性格からして入手した資料の紹介を省くことはできない。

理由の二は、朝鮮戦争における石井部隊の暗躍に関して在来の刊行物を全面的に信頼するのは危険であり、中国・朝鮮側の言い分の中の事実とプロパガンダの見極めがつけ難く、現地調査をせずには書けない部分が多いからである。両者を画然と見極めて書くことは筆者の責任であると考えている。

『悪魔の飽食』の手応え

『悪魔の飽食』の執筆を開始したのは一九八一年（昭和五十六年）七月十九日であった。開始以来ほぼ一年経過する。その間、私と下里正樹氏は『悪魔の飽食』を中心とする巨大な旋風の中に放り込まれたといってよい。

一冊の本が百万を超える読者を獲得するということは尋常ではない。この本は娯楽小説でもなければ、時流のハウツー物や時のファッションに乗じたものでもない。またテレビや映画に映像化されて、読者の関心を惹いた作品ではない。

読んで楽しくなるという本ではけっしてなく、できることなら、目をそむけ、隠しておきたい実録である。七三一の記録は、日本が侵略戦争という国家的な狂気の中で犯した罪であり、日本の恥部である。それがこれほど多数の読者に読まれたという事実の意味を、深く考えなければならない。

この本が活字だけで（映画等による影響をうけずに）百万を超える読者を得たことの根底には、依然として〝戦後〟が揺曳しているからであるとおもう。

読者の中には戦争を知らない、あるいは戦争の記憶のない若い世代も多く含まれている。だがその人たちの中にも、戦争は尾を引いているのである。両親や兄姉やあるいは祖父母たちから語り伝えられた戦争の間接的な知識が、または語り伝えられなくとも、戦争と軍事立国ファシズムに対する本能的な警戒や嫌悪が、『悪魔の飽食』の中における告発と、この悪逆無道を二度と繰り返すまじとするアピールと共振し、共感を呼んだのであろう。

また反響は国内にとどまらず、米、英、仏、中国、北朝鮮、韓国、香港、カナダ、スウェーデン、スイス、ユーゴスラビア、オーストラリア、ソ連などの各マスコミ機関からの取材があいついだ。世界各国の関心は、おおむね日本軍がアウシュビッツに匹敵するような戦争犯罪を行なっていた事実に対する驚きと、それが戦後三十六、七年経過するまでどうしてその全容が秘匿されたのかという疑問にあった。

どのような形であれ、世界から関心が集まったということは、私にこの実録の尋常ではない手応えを感じさせた。

動物拒否宣言

だれが考えても人類が人類を殺傷するための軍備の拡張に憂き身をやつすのは馬鹿げている。その馬鹿さかげんがよくわかりながら各国とも国家予算を大幅に軍備に割いているのが実情である。

人間が動物と異なるのは、紛争の最終的解決を暴力に訴えず、話し合いで歩み寄る英知を持ち合わせていることである。

軍備は暴力の集積と蓄積であり、人間の英知を拒否する動物的攻撃待機姿勢である。暴力的に最も強いものが覇権を握る世界であれば、サル山のサルとなんら変わりない。

現在世界的に盛り上がっている反核運動の根底には、米国のレーガン政権が打ち出した「限定核戦争ポリシー」と、米国の弱体化によるソ連との核兵力ギャップを埋めようとする米国の焦りに対する危機感と反動がある。

米ソ間の核兵力シーソーゲームはサル山にボス猿が二匹いて、二匹の強さの均衡において平和を維持しようとする発想の愚かさかげんとおなじである。一度その均衡が破れて大戦規模の戦争が起これば、人類の生存と将来はないことを知りながら核戦力をエスカレートさせているのは動物以下である。核戦争の後は、もはや「国破れて山河なし」である。

動物であることを拒否する人たちによって反核運動は支えられ、地球規模で盛り上がってきた。『悪魔の飽食』を書いた意図は、戦争と軍隊における非人間性を余すところなく剔出し、二度と過ちを繰り返さぬための〝動物拒否宣言〟をすることにある。

戦後三十七年、ようやく戦争の記憶は風化し、戦争を知らざる世代が三十代以下を占めるようになった。戦争体験者の中にすら、「のどもと過ぎれば……」で、その体験と記憶を美化する者がいる。私たちは現在の日本が享受している平和と民主主義と繁栄が太平洋戦争の貴い犠牲の上にかち取られたことをけっして忘れてはならない。

国論統一用の詭言

アメリカの圧力に対応する軍拡と憲法改定機運の高まりがあるが、それが掲げている「祖国防衛のための交戦権と軍備の認知」という〝旗印〟を見ていると胸が悪くなり、鳥肌立ってくる。それは、私が少年時代、日本全国民が軍国ファシズムの軛に締めつけられて思想的、政治的、人間的自由の一片も認められず、そして太平洋戦争の戦火によって多くの国民が死に、国土が荒廃した暗い時代、国民の意志を統一するために軍事政権が使った旗印と発想がまったく同じであるからである。曰く「東洋平和のためならば」「大東亜共栄圏の確立」「国民精神総動員」「進め！　一億火の玉だ」「尽忠報国」など戦時中、耳にタコができるほど聞いた標語である。

戦争をするためには国論を統一しなければならない。

太平洋戦争が宣戦布告されたときの帝国政府声明の結びの文は次のようなものであった。

「今や皇国の隆替、東亜の興廃は此の一挙に懸れり、全国民は今次征戦の淵源と使命とに深く思を致し、苟も驕ることなく、又怠る事なく、克く竭し克く耐へ……進んで征戦の目的を完遂し、以て聖慮を永遠に安んじ奉らむことを期せざるべからず」

大時代で大仰な言葉が羅列してあるが、要するに「日本とアジアの運命はこの戦いにかかっているから、全国民頑張ってこの戦いを勝利し、天皇の心を安んぜよ」という意味である。その荘重な宣言を聞くかぎり、いかにもこの戦いが正義の戦いであり、これに協力しない者は、日本人の風上にもおけない裏切者のように見えてしまう。

この文言は、先般の伊藤防衛庁長官の「国民の連帯は防衛であるべきだ」という発言と発想が同じである。開戦に際して「侵略」という言葉は一切使われていない。

「国を守るために国民が団結しよう」という合言葉の下に、国民の意志が統一され、自由な言論が弾圧された。こうして、国のために死ねる者が愛国者としてファシズムの奴隷となり、そうでない者は「非国民」「売国奴」のレッテルを押されて憲兵や特別高等警察という反体制の政治運動や思想を取り締まる秘密警察の餌食となったのである。

私が国の防衛や、自衛のための交戦権などという言葉に激しい拒否反応を示すのは、少年時代の記憶があるからである。

自主憲法制定国民会議、および自主憲法期成議員同盟会長、岸信介氏は犯罪の頻発や、家庭内あるいは校内暴力の横行まで、現行憲法のせいにし、それは日本が戦争に敗れ、すべての物を失い、日本が独立をもっていない、日本人としての自信を失い、ほとんど自由な言論も許されなかった占領初期に占領軍から押しつけられた欠陥憲法にあると決めつけている。

それでは戦争に敗れる前に自由があったのか。私は終戦後、焦土と化した街に疎らに立ったバラックや焼け残った家にポツリポツリと電灯が点いたときの新鮮な感動を今でも忘れていない。ああこれからは空襲も灯火管制もない夜がくるのだという喜びを胸に噛みしめた。私の郷里の街は、埼玉県熊谷市である。同市は、八月十五日未明、日本で最後の空襲をうけて、私の生家も被災した。たった一日ポツダム宣言の受諾が遅れたばかりに、市街の七十四パーセントが廃墟と化し、三千人以上の市民が死傷した。一夜明けて終戦当日、市内を貫流する星川という小さな川が、市民の死体で埋まっている光景を、私はこの目で見た。あの人たちは、ただ一日の差で死んだのである。それらの人々の死を乗り越えて生き残った市民は、焦土で戦後の生活を始めた。焦土に疎らに灯された電灯は、死者の魂の蛍火のように、美しくも寂しかった。だが、その灯は増えればとて、再び空襲によって消されることのない灯であった。私たちは「すべての物を失った」ものの、戦争中にはけっしてなかった希望をもっていた。

たしかに終戦後、日本は講和条約が結ばれるまで占領軍の支配下におかれ、占領政策に対する自由な言論は認められなかった。

言論機関、ジャーナリズム関係は占領軍の検閲下におかれ、「日本は敗北した敵であって、文明国の間に位置する権利をもったものではない」と決めつけられた。

戦前、戦後の非自由は等質ではない

だが占領政策は当初、軍国ファシズムの一掃と民主化を課題としていた。ポツダム宣言において連合国は、第六条以下に軍国主義的権力および勢力の除去、日本の戦争能力の破壊および平和と安全と正義の新秩序が確立されるまでの日本占領、戦争犯罪人の処罰と民主主義の復活強化および基本的人権の確立、前記諸目的の達成と日本国の自由に表明した意志による平和的かつ責任ある政府の樹立を条件とする占領軍の撤収などを降伏の実質的条項として提示し、日本はそれを日本の意志によって受諾したのである。

受諾した以上それに拘束されるのは当然であり、それをもって自由と独立が許されないというのは当たらない。しかもそれを言う岸信介氏は戦時中、東条内閣の閣僚であり、A級戦犯として逮捕された人物である。私は彼を会長とする憲法改定派にファシズムの臭い芬々たる胡散臭さと、その拠って立つ精神主義に、かつての「国民精神総動員」とおなじパターンを感ずるのである。

私にとっては、B―29の空襲に怯えながら一抹の光をも漏らすことを許されない灯火管制下の暗い夜の恐怖と不自由さよりも、戦後の焦土に灯った電灯下での、もはや生命の危険のない「平和と安全と正義の新秩序が確立されるまで」の占領下の日本のほうが、どんなに自由に近づいていたかわからない。なにもなかったが、希望だけは確実にあった。そしてその希望の象徴が新憲法であったのである。それは戦時中の日本人がけっしてもっていなかったものである。もっていたとすれば、「欲しがりません、勝つまでは」と軍部に吹き込まれた偽りの希望であった。

私たちはファシズム支配下の自由の圧殺と、ポツダム宣言受諾後の占領下の自由と独立の欠落を等質に考えてはならない。これを等質に、いや戦中、戦前よりも自由が許されていないと規定するところに憲法改定派の拠点があり、そこに彼らの欺瞞があるのである。

平和と民主主義の最後の砦

太平洋戦争が侵略戦争ではなかったという途方もない曲論が飛び出す素地には、ほとんどすべての侵略戦争が防衛の名目で戦われた歴史上の事実がある。太平洋戦争の名目も「東洋平和のため」であり、これが一民族あるいは一つの主義体制が世界統一を目指す戦争は「世界平和のため」となる。さきに文部省が、高校社会科教科書を中心に強化した検定において、「侵略」を「侵攻」、「憲兵政治」を「武断政治」などと改訂したことは、日本の侵略戦争の責任をぼかし、ファシズムの復権を狙ったものとして、厳しく警戒しなければならない。

戦争目的など、戦争指導者によってどのようにでもこじつけられるのである。戦争遂行国は正義が自国にないなどとは絶対に言わない。太平洋戦争の犠牲の上に立っているわれわれは、けっして「自衛のため」という言葉に欺かれてはならない。

将来、民族の自由と独立を完全に踏み躙るための戦争はまず起こり得ない。あると仮定すれば、大国の面子（政治的イデオロギーの対立を含む）をかけた戦争か、国境紛争か、民族的な確執である。規模としては、大戦か局地戦かのどちらかである。日本が大戦規模の戦争能力（米ソ並みの）をもつことは不可能であり、日本の工業力をバックにそれが可能であると仮定しても、そのような能力を保持させてはならない。だが戦力には第一級を目指す本能があり、第一級でない戦力など意味がない。はじめから負けることがわかっている戦力などだれが持ちたがるものか。

いったん戦力の保持を憲法が認知すれば、とどまるところなくエスカレートするのは目に見えている。日本が米ソ並みの戦力を保持した場合、それがはたして自衛のためだけに使われるのか。現行憲法の基本精神が蹂躙された後で民主主義は維持されるのか。

また局地戦規模の戦争であれば、現在の自衛隊で十分である。日本の自衛隊に栄光というものがあるとすれば、それは現行憲法の私生児としてけっして他国を侵略しないところにある。

国民は戦争という国民的集団狂気に、突如として取り憑かれるものではない。狂気は、巧妙な接近をもって徐々に忍び寄り、ある日気づいたときは、国民の主潮が全体発狂に向かって滔々と流れている。こうなると梃子の原理で、少数派の正常人は圧迫される一方であり、潰走する敗軍となる。そうなってからでは遅いのである。

私が憲法九条を日本の民主主義と平和を守る最後の砦とするのは以上のような理由からであり、対して改憲派の眼目が九条にあることは疑いがない。

また改憲派の背後に兵器業者がいることも見逃せない。彼らにとって九条は目の上のタンコブである。これを取りはらって、徴兵制を復活させ、兵役を国民の義務として、ただ同然で優秀な兵力を即座に集められるシステムにし、人件費を浮かせた金で大いに兵器を買ってもらおうという魂胆である。

改憲の焦点を九条以外の権利や義務、天皇の世襲制などにおくのも、抵抗の多い九条から一時鉾先を変えて攻めようという作戦であり、どの部位からの改憲であってもそれを認めることは、民主主義と平和を守る内濠を埋め立てられるようなものである。

〝同志〟としての読者へ

私が執拗に戦後の七三一の足跡を追ったのも、国民的集団発狂の恐ろしさと国家の独善性を訴え、二度とこの過ちを繰り返さぬために人類が積み上げたケルンにささやかな一石を加えるためである。

また、一部には本実録を「フィクション」と評するテレビ関係者や「風評の寄せ集め」とする自称科学者もいるが、この実録は、作家の旺盛な想像力をもってしても絶対に及ばない、ペア・ワークによる広範囲の取材と多数の元隊員の協力によって集めた関係資料、証言、写真、要図、関係遺品、石井四郎、北野政次他七三一幹部の供述調書（トムプソン・レポート）、米軍資料、中国資料等いずれも初公開のデータによって固めたものである。

情況によって取材源を秘匿するのはジャーナリズムの倫理であるが、『悪魔の飽食　第一部』『続・悪魔の飽食』に登場した元七三一隊員のうちの一部は、その後各テレビ局の特集番組において身許氏名を明らかにし、貴重な証言を行なった。

この実録をフィクションと呼んだ者がいるとすれば、証人に対する名誉毀損であり、本書（第一部を含む）を読まず、当該テレビ番組も見ずに、妄想的に本書を誹謗したものであろう。それこそ力足らざる者の〝妄想力〟の産物である。

この実録は、多数の元隊員および関係者の協力、また米国在住の日系人、米国、中国関係者の努力と好意の上に成ったものである。それらの人々のために、相手とするにもおよばぬヒステリックな妄想的誹謗ではあるが、これに対して敢えて言葉を割く次第である。

七三一隊員らの個人責任を追及しないことについて多少の批判もあるが、私にはそれを追及する資格も権利もない。もし私が七三一部隊に在籍したことがあり、「丸太」に対する生体実験に身体を張ってでも反対しておれば、多少の資格があるかもしれないが、終戦当時十二歳の少年であった私は、七三一の存在そのものすら知らなかった。私はただ事実を明らかにして歴史の空白を埋めようとしたのである。

七三一の個人責任を追及する資格と権利がだれにあるか、私は知らない。

最後にこの実録も「第一部」に引き続き下里正樹氏とのペア・ワークであることを付記したい。ペア・ワークは英語の「ワーク・イン・ペアズ」(二人一組になって働く)から取った。

しかもかつこの作品は共著ではない。まぎれもなく「森村作品」の一環である。創作意思は私から発し、すべての取材指揮は私がとり、全取材費用は私が賄い、最終的に私がまとめ上げた作品である。

読者との再会の一日も早いことを願いつつ一九八一年七月十九日「第一部」の開始より、約一年にわたった執筆をここに終える。

私はこの作品の終了に際して別れを告げるものではない。『悪魔の飽食』の読者を、平和と民主主義を守る〝同志〟として、これからも手を携えて、それらを脅かす敵に対して戦いと抵抗を止めないつもりである。

ご愛読を心より感謝して、ここにひとまず筆をおく。

資料1　トムプソン・レポート

付録一　関東軍防疫給水部の機構表

本部……部隊長ょ軍医っ中将または少将
総務部…部長＝ょ軍医っ大佐または中佐
第一部…部長＝ょ軍医っ少将または大佐
第二部…部長＝ょ軍医っ大佐または中佐
第三部…部長＝ょ軍医っ大佐または中佐
第四部…部長＝ょ薬物学者または軍医っ大佐または中佐

大連分室…室長＝特別参謀

支部
牡丹江支部…支部長ょ軍医っ少佐か中佐
林口支部……支部長ょ軍医っ少佐か中佐
孫呉支部……支部長ょ軍医っ少佐か中佐

海拉爾支部…支部長　少佐か中佐

本部および各支部の要員は次のとおり。

本部要員

陸軍軍医…………………三十五人

薬物学者…………………十八人

衛生将校………………約二十五人

技術将校…………………約十人

財務将校…………………五人

技師………………………約三十人

陸軍教官…………………三人

通訳………………………一人

下士官……………………約百人

補助技術員………………百五十人

衛生兵その他の要員……若干名

支部要員

陸軍軍医…………………一人

薬物学者…………………一人

衛生将校…………………一人

財務将校……………………一人
下士官……………………約十人
補助技術員………………約十人
衛生兵……………………四百人
軍属………………………若干名

付録二　関東軍防疫給水部の任務要綱

I　総務部
A　計画と管理
B　業務
C　人事
D　経理
E　輸送通信
F　建物の管理
G　医務

II　第一部
A　各種伝染病の予防と治療に関する調査研究

B　あらゆる種類の物理試験と化学試験
C　予防接種液や医療用血清などの改良に関する研究
D　伝染病予防に関する基礎研究

III　第二部

A　伝染病予防措置の執行に関する研究
B　伝染病予防資材の実験
C　伝染病予防措置の実施
D　伝染病予防の指導
E　伝染病予防に関する資材と要員の迅速輸送

IV　第三部

A　給水設備の改良に関する実験
B　給水のための諸措置の実施
C　浄化水の給水のための指導
D　給水用設備の製造と修理
E　消毒

V　第四部

A　予防接種液や医療用血清などの製造
B　培養医学実験

Ⅵ　資材部

A　伝染病予防や給水、各種実験のための資材の保管と供給

B　予防医薬に関する研究

C　予防医薬の製造

D　実験用小動物の繁殖と供給

Ⅶ　支部

A　各担当地域における伝染病予防と給水のための諸措置の実施および指導

B　各担当地域における伝染病予防と浄化水の給水に関する調査

C　防疫給水設備の小規模な修理

Ⅷ　大連支部

A　予防接種溶液や診断用血清、治療用血清などの改良に関する研究

B　右記の溶液や血清などの製造と供給

C　病源菌の研究

D　担当地域の伝染病予防措置の実施

付録三

Ⅰ　防疫研究

1　ワクチンの改良。腸チフスとパラチフス、赤痢、コレラ、ペスト、百日ぜき、流行性脳脊髄膜炎、淋病菌のワクチン

2　抗毒素の研究。ガス壊疽、破傷風、ジフテリア、猩紅熱の各抗毒素

3　治療用血清の改良。ガス壊疽、破傷風、猩紅熱、丹毒、ジフテリア、赤痢、連鎖状球菌、ぶどう状球菌、肺炎、流行性脳脊髄膜炎、ペストなどの血清

4　兵士の健康増進の措置。日本軍兵営における食物、休息、睡眠、給水に関する研究

5　結核の予防

　a　食物、休息、睡眠、給水と軍事作業に必要なカロリーとの間の関係

　b　予防接種

　c　検疫と消毒

6　リケッチャとウイルスのワクチンの研究。発疹チフス（リケッチャ・プロワゼキ）、満州熱（リケッチャ・マンチュリア）、流行性出血熱、森林だに脳炎、狂犬病、天然痘のワクチン

7　ビタミン研究

8　脱水研究。予防血清と治療血清、診断用剤、血漿の脱水と乾燥保存の方法

9　研究用小動物の繁殖。二十日ネズミ、ネズミ、モルモット、ウサギ、ヤギ

10　環境衛生の研究

11　研究所員の食料自給の研究

12　脾脱疽と馬鼻疽の予防方法の研究

II　診断学の研究

1　診断用剤の乾燥と供給の研究

2　診断用血清の乾燥長期保存の研究

3　診断用アレルギー性抗原。ツベルクリン、ペスト、野兎病、ディック・シック試験抗原

4　血清鑑定

5　脾脱疽と馬鼻疽の診断方法

III　治療学の研究

1　外科処置。ペストと脾脱疽の場合のリンパ腺の早期除去

2　内科処置。腸チフス保菌者とパラチフス保菌者の根本治療

3　化学処置。マルファニル、サルフォリバノル、ペニシリン

4　ウイルス感染患者の根本治療。流行性出血熱、森林だに脳炎

5　血清療法。腸チフス、ペスト、脾脱疽、赤痢

6　乾燥血漿の野戦輸血の効果の研究。部隊員とその家族に使ったときの効果

7　物理処置。血清病の脾臓へのX線照射

8　発疹チフスのワクチン療法

9　脾脱疽と馬鼻疽の治療

IV　野戦消毒の研究
1　野戦消毒の方法
2　消毒剤
3　地面消毒のための野戦消毒車
4　衣服・人員消毒用の野戦消毒車
5　野戦細菌検知車の研究
6　鉄道列車と船舶の防疫と検疫の研究
7　消毒に航空機を使う研究

V　医薬品の研究
1　マルファニルとサルフォリバノルの合成
2　ペニシリンの生産
3　ソートン培養基のためのアスパラジンの抽出
4　「山ハマナス」からのビタミンCの抽出
5　かばの木油精の殺虫剤利用
6　ビタミンB1とB2の合成
7　ペプトン研究
8　野生蚕のさなぎからの肉エキスの製造
9　ジフテリア毒素凝集用の工業用硫化アンモニアの精製

10 ペプシンと膵液素(すいえきそ)の製造
11 かばの木油からの自動車用燃料
12 亜炭からの自動車用代替燃料
13 満州の資源を使ったアルコールの製造
14 アルコールを航空機油として使用する場合に耐寒潤滑油（大豆油とひまし油の混合物）から出るゴム状物質の除去。アルコール八十パーセントとガソリン二十パーセント、またはアルコール八十パーセントと松根油二十パーセントを使うと防止できる
15 塩素試験紙の研究

VI 代用衣料と食料の研究
1 代用衣料としての満州野生蚕の利用
2 満州の資源による代用食料
3 野菜の冷蔵
4 野菜の代用になる食用野草
5 小動物の飼料野菜の代用の食用野草

VII 浄化水の野戦供給の研究
1 衛生濾過(ろか)装置用の耐寒設備
2 衛生濾過装置の重量と体積の小型化
3 濾過装置内のアルミニウムと鉄の代替物

4　硅藻土濾過装置の大量生産
5　野戦での水の消毒の測定方法
6　水中の毒の検出
7　硬水の軟化
8　濾水管中の鉄の除去
9　濾水設備の洗浄方法の改良
10　犬による小型濾過器の輸送
11　航空機からの袋詰め浄化水の投下による供給
12　硅藻土濾過管の容量増加方法

Ⅷ　輸送の研究
1　防疫要員と資材の航空輸送
2　伝染病患者の航空機による引揚げ
3　耐寒衛生学の研究

Ⅸ　爆弾と航空機噴霧に対する防御に使える防疫研究
1　研究所が製造した試験爆弾に対する防御措置
2　噴霧による散布と防御措置の研究

Ⅹ　製造
1　ワクチン

a 乾燥ワクチン
b ペスト・ワクチン
c 腸チフスとパラチフスのワクチン
d ガス壊疽ワクチン
e 破傷風ワクチン
f コレラ・ワクチン
g 赤痢ワクチン
h 猩紅熱ワクチン
i 百日ぜきワクチン
j ジフテリア・ワクチン
k 発疹チフス・ワクチン
(1) 卵からつくるワクチン
(2) 白ネズミの肺からつくるワクチン
(3) 野生リスの肺からつくるワクチン

2 治療用血清
a ガス壊疽血清
b 破傷風血清
c ジフテリア血清

d　赤痢血清
e　連鎖状球菌血清
f　ぶどう状球菌血清
g　丹毒治療血清
h　肺炎治療血清
i　流行性脳脊髄膜炎治療血清
j　ペスト治療血清

3　診断用抗原
a　腸チフス
b　パラチフス
c　発疹チフス
d　ツベルクリン

4　診断用血清
a　腸チフス熱の場合の診断用血清
b　パラチフスの診断用血清
c　あらゆる種類の赤痢の診断用血清
d　あらゆる種類のコレラの診断用血清
e　流行性脳脊髄膜炎の診断用血清

f　肺炎の診断用血清
g　サルモネラ因子血清

5　濾過器資材
a　濾過器（B）
b　濾過器（C）
c　濾過器（D）
d　濾過器の部品
e　濾水管

6　薬剤
a　ペプトン
b　肉エキス
c　マコティン
d　マルファニル
e　ペニシリン
f　かばの木油

7　濾水器の修理

8　爆弾の試作
a　イ爆弾

b　ロ爆弾
c　ハ爆弾
d　ニ爆弾
e　ウ爆弾
f　ウジ爆弾（旧型）
g　ウジ爆弾（50型）
h　ウジ爆弾（100型）
i　ガ爆弾

付録四A　イ爆弾　細菌液用実験爆弾

石井四郎中将の提出した略図からつくったもの

12型信管　　生産：一九三七年に約三百発
褐色火薬（TNT）　重量：二十キログラム
ネジ組立　　容量：二リットル
黒色火薬　　信管：型年12「投下瞬発」
炸薬：黒色火薬約三十グラム
鋼製弾体　　褐色火薬（TNT）五十グラム

付録四B　ロ爆弾　細菌液用実験爆弾

石井四郎中将の提出した略図からつくったもの

12型信管　生産：一九三七年に三百発

黒色火薬　重量：二十キログラム

褐色火薬（TNT）　容量：二リットル

信管：型年12「投下瞬発」

鋼製弾体　炸薬：黒色火薬約三十グラム

褐色火薬（TNT）四十グラム

付録四C　ハ爆弾　脾脱疽破砕実験爆弾

石井四郎中将の提出した略図からつくったもの

12型信管　生産：一九三六年に三百発

褐色火薬　重量：四十キログラム

伝爆薬　容量：細菌液七百cc、鋼球千五百個

信管：型年12「投下瞬発」

榴霰弾　炸薬：褐色火薬（TNT）約三キログラム
細菌液
褐色火薬

熔接継目
褐色火薬
伝爆薬
12型信管

付録四D　ウ爆弾　噴霧型実験爆弾

石井四郎中将の提出した略図からつくったもの

12型着発信管　生産：一九三九年に二十発
多孔噴霧弾頭　重量：三十キログラム
12型着発管　容量：約二十五リットル
TNT炸薬　信管：型年12「投下瞬発」および三秒延期尾部信管
安全線　炸薬：褐色火薬（TNT）四百グラム
二リットル圧搾空気室

付録四E　旧型ウジ爆弾　細菌液用陶製実験爆弾

石井四郎中将の提出した略図からつくったもの

ネジ式フタ（注入口）

生産：一九三九年に約三百発

重量：二十五キログラム

```
SCREW CAP
(FILLING POINT)
GLASS CASE
CA.180MM.
PRIMACORD
CA.750MM
ガ爆弾
（ガラス製）
CELLULOID FIN
TIME FUZE
SAFETY PIN
```

ノを付着させた榴霰弾を四散させるためのもの。この三種類に大別される。

延期装置信管

セルフ・タイマー

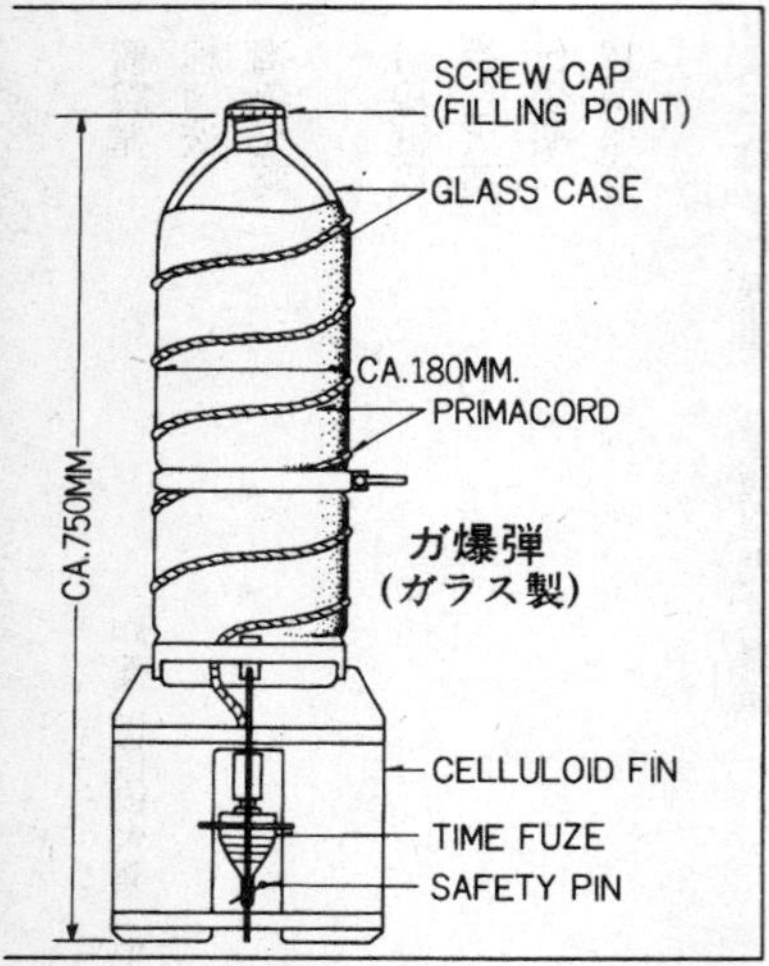

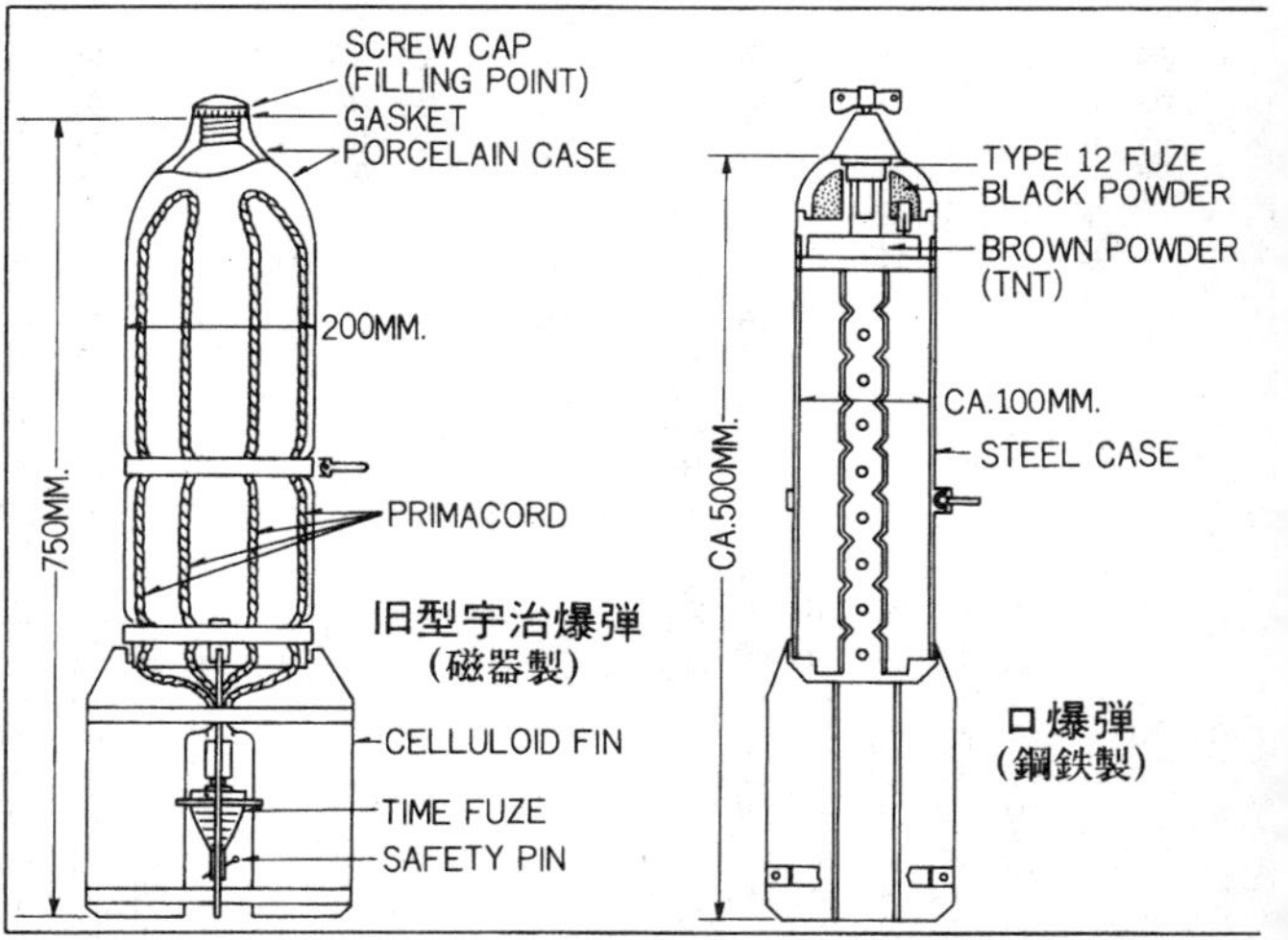

細菌爆弾の内容は①ペスト・ノミやネズミを生きたまま投下するためのもの②細菌溶液を撒布しエアゾルを発生させるためのもの③細菌↗

ガスケット（薄板状の詰め物）容量：約十リットル
陶製弾体　信管：時限信管（砲弾用型年5複合信管を改造した）
導爆線　炸薬：導爆線約四メートル
セルロイド翼
時限信管
安全ピン

付録四F　ガ爆弾　ガラス製実験爆弾

石井四郎中将の提出した略図からつくったもの

ネジ式フタ（注入口）　生産：一九四〇年に五十発
重量：三十五キログラム
ガラス製弾体　容量：約十リットル
導爆線　信管：時限信管（砲弾用型年5複合信管を改造した）
炸薬：導爆線約三・五メートル
セルロイド翼
時限信管

安全ピン

付録四G　50型ウジ爆弾　細菌液用陶製改良型実験爆弾

石井四郎中将の提出した略図からつくったもの

1型着発信管　セルロイド翼
褐色火薬（TNT）　時限信管
陶製弾体　安全ピン
導爆線

50型

生産：一九四〇年—一九四二年に約五百発
重量：二十五キログラム
容量：約十リットル
信管：弾頭信管—1型着発（延期）
　尾部信管—時限信管（砲弾用型年5複合信管を改造）
炸薬：導爆線約四メートルと褐色火薬（TNT）五百グラム

100型（同じ設計）

生産：一九四〇年―一九四二年に三百発

高さ：約一六〇〇ミリ

幅：約三〇〇ミリ

重量：五十キログラム

容量：約二十五リットル

信管：型50と同じ

炸薬：導爆線約十二メートルと褐色火薬（TNT）五百グラム

本書に収載したものは「002」であり、この他「003」も入手している。後者の内容はおおむね前者と同じであるが、報告者の意見と姿勢が反映して細部において微妙にちがっている。いずれ前記米国務省とGHQの間に交わされた公電記録などと共に全文訳出して『悪魔の飽食』資料編に収めたい。

第七三一部隊が保有していた
ワクチン・血清類の種目と量

関東軍防疫給水部本部は、関東軍部隊長の命令により、部隊、軍の民間人被雇用者、満州、中国北部、朝鮮の関東軍管轄下地域住民の一部に対するワクチンと血清の準備・提供を行なう。主な種目と分量は次のとおり。

ワクチン	
種　類	おおよその量
1. 固形ワクチン	―――― 人分
2. ペスト・ワクチン	2,000,000 人分
3. 発疹チフス、パラチフス・ワクチン	4,000,000 人分
4. ガス脱疽ワクチン	2,000,000 人分
5. 破傷風ワクチン	2,000,000 人分
6. コレラ・ワクチン	500,000 人分
7. 赤痢ワクチン	4,000,000 人分
8. 猩紅熱ワクチン	100,000 人分
9. 百日ぜきワクチン	100,000 人分
10. ジフテリア・ワクチン	100,000 人分
11. 発疹チフス・ワクチン	
a.鶏卵ワクチン	1,000,000 人分
b.ハツカネズミ肺ワクチン	2,000,000 人分
c.野リス肺ワクチン	1,000,000 人分
12. 結核ワクチン	500,000 人分
13. ワクチン・リンパ液	2,000,000 人分

処　置　抗　血　清	
種　　類	おおよその量
1. ガス壊疽血清	5,000リットル
2. 破傷風血清	5,000リットル
3. ジフテリア血清	500リットル
4. 赤痢血清	1,000リットル
5. 連鎖球菌血清	500リットル
6. ブドウ球菌血清	500リットル
7. 丹毒治療血清	500リットル
8. 肺炎血清	1,000リットル
9. 脳脊髄膜炎治療血清	500リットル
10. 炭疽治療血清	50リットル
11. ペスト血清	1,000リットル
12. 輸血用プラズマ	100,000リットル

治療用抗原	おおよその量
1. 腸チフス、パラチフス	各20リットル
2. 発疹チフス	5リットル
3. ツベルクリン	3,000,000人分
4. 固形ツベルクリン	3,000,000人分

診断用血清	おおよその量
1. 腸チフス、パラチフス診断用血清	5リットル
2. 赤痢〔各種〕診断用血清	5リットル
3. コレラ〔各種〕診断用血清	5リットル
4. 脳脊髄膜炎診断用血清	5リットル
5. 肺炎診断用血清	2リットル
6. サルモネラ菌血清	2リットル

資料2 「旧少年隊史」について

第七三一部隊には、将来の中堅幹部養成のため全国各地からスカウトされた少年軍属が集められていた。「少年見習技術員」の肩書を持つ少年たちは、七三一部隊内で基礎教育を受け、やがて部隊各研究班に配属されるコースにあった。

ここに収録したのは、第一期少年隊員たちがまとめた旧少年隊史と少年隊概要および房友会史である。第一期生の人数、日給、養成期間終了後の取得資格、撤退の模様等の記録が綴られている。

少年隊員の生活については、本書と姉妹編の『悪魔の飽食』二一三ページに記述されているが、「隊史」は第一期少年隊員の内務班別編成、少年隊長、班長名を記した貴重な資料である。

「房友会」は、元少年隊員たちが結成した戦友会である。終戦当時、青春の入口に佇む紅顔の少年たちも、すでに五十代後半となり、こうした資料も今後散逸する恐れがある。元班長A氏のご好意により資料の提供を受け、原文をそのまま掲載する。

少年隊員は、第七三一部隊の性格を知らぬまま入隊し、戦後も同部隊の鎖にしばられ、その人生を圧迫された。彼らはむしろ被害者の立場にあると思料するので、ここにその氏名を発表した。

なお少年隊はこの期間だけではなく、昭和十四年以前にも三班編成約八十名の「初期少年隊員」が在隊した。昭和十四年夏から秋にかけて現地召集されたために、自然消滅した。

生存者によって作成された昭和十三年十一月当時のリストによると、戦争末期南方で死んだ隊員が圧倒的に多い。初期少年隊員は日本陸軍の私生児としての産ぶ声すらあげることなく、戦史から消えたのである。

年	月日	事項
昭和17年	4月1日	少年見習技術員（軍属として満州国ハルピン市第七三一部隊へ入隊） 教育部少年隊（技術員養成所）所属 　教育部長　陸軍軍医中佐　園田 　　少年隊長　陸軍軍医少佐　田部
	4月15日	関東軍軍属傭人拝命　日給八十五銭
		内務班四箇班編成　総員百八名
	10月6日	大連・旅順方面戦跡視察旅行
昭和18年	4月1日	二年次に進　初年次（二期生）入隊 　（日給九十五銭となる）
	5月1日	約一月間普通学その他防疫給水学について、二年次合同教育を受ける 　教官　伊藤軍医大尉　秦衛生准尉 部隊本部の各部へ配属
	6月	普通学は、昼間（週三日）から夜間に切り替えられる
	7月	松花江太陽島にて野営演習（一週間）
昭和19年	4月1日	三年次に進級　初年次（三期生）入隊 　二期生　部隊本部各部へ配属
昭和20年	4月1日	少年見習技術員養成教育修了 関東軍軍属雇員拝命（月俸五十二円―三十八円）

7月〜	引き続いて部隊付属東郷青年学校四年編入 初年次（四期生）入隊 通化へ疎開準備（ロ号あるいはセ号作戦） 荷物発送　隊員派遣
8月9日	ソ連政府対日宣戦布告 満州進入始まる
8月13日	8月初旬より隊舎撤去作業継続のところ、若干の要員を残し夜半平房を出発する
8月15日	終戦の詔勅下る 徳恵駅で停車待機中終戦の命令を聞く
8月18日	蘇家屯駅にて大屋班長以下十七名下車
8月	鉄・駅にて宇佐見四年次以下　下車
8月21日	引揚本隊朝鮮釜山到着　荷揚げ開始
8月24日	釜山港出港 山口県萩、仙崎港、福岡県門司、博多港へ分散上陸。上陸後現地にて部隊解散（解散後、北海道・東北梯団、九州梯団、四国梯団に分かれて復員）

少年隊概要

部隊名沿革　440軍郵気付六五九部隊、七三一部隊、二五二〇二部隊
〈別名〉　賀茂部隊　石井部隊　防疫給水部　東郷部隊

部隊長　石井　四郎　昭和11年～
北野　政次　昭和17～
石井　四郎　昭和20年3月～

教育部長（第五部長）　園田　昭和17年4月～
西　昭和18年1月～

少年隊長　田部　昭和17年4月～
阿部
斎藤　昭和18年11月～
藪本　昭和20年～

教官　長屋　有木　羽野　久保田

班　長　浦山　伊藤　高木　堀内
大屋　杉原　武田
大滝　細矢　小林　乾
長谷川　山下　高階　熊谷
井上　西沢

一期生内務班別編成（入隊時）旧姓

第一班　生田　石川(昭)　宇佐見　江崎　金田　金尾　片岡　後藤
佐藤(儀)　貞政　桜井(富)　鈴江　高木　田野　永野　内
藤　中山(正)　野沢　藤井(幸)　高味　前川　山本(祐)
和田　石原　笠松　西原　林

第二班　天野　小倉　小川　松岡　小口　越川　桜山(辰)　須永
砂場　細川　立川　吉本　谷沢　森下(幹)　佐々木　中込
長沼　中山(徳)　濃野　平林　福松　宮一　宮島　三浦
(久)　森下(正)　吉川　佐藤(義)

第三班　赤沢　岩沢　木村　楊廬木　山崎　大馬　神永　小板　小

林（義）　小池　小林（勇）　佐藤（秀）　斎藤　鈴木（郁）　鈴木（保）　瀬戸口　近兼　出倉　手塚　広田　福井　松本　宮崎　三角　三浦（昌）　金谷　市川

第四班

児島　福井　鵜飼　榊原　桜井（三）　島田（精）　島田（岩）　神谷　谷奥谷　常世田　中山（安）　長野（昭）　崎藤　中林　砂田　森田　山本（清）　吉田（太）　吉田（博）　芳金　吉田（政）　渡辺（照）　小田　磯村　設楽　日好

房友会史

年	月日	事項
昭和23〜24年	?	天野昭二君 隊員名簿作成
昭和30年	8月15日	精魂会発足（代表 鈴木重夫先生） 精魂塔建立（東京多摩霊園内）
昭和32年	10月11日	金田康志君 名簿作成、親睦会結成の呼びかけを始める
	11月15日	房友会結成される（幹事長 金田康志君） 機関誌『房友』創刊される
昭和33年	8月17日	房友会結成大会開催（東京精魂塔前にて） 出席者二十七名（顧問四、会員二十三） 幹事長 坂口弘員君 就任
昭和34年	4月30日	名簿作成
	8月9日	第二回定期大会開催（滋賀県大津市にて） 出席者十八名（顧問三、会員十五） 幹事長 桜山裕暁君 就任
	10月9日	石井四郎先生 死去
昭和35年	8月21日	第三回定期大会開催（東京精魂塔前にて）

		出席者　？
昭和44年	9月	浅井、芳金、坂口三君により名簿作成
昭和45年	7月26日	定期大会　奈良市にて開催（浅井、芳金、坂口君幹事）
	9月	名簿修正作成
昭和46年	1月15日	中四国大会　高松市にて開催（佐藤、野崎、木村君幹事） 出席者二十二名（顧問一、教育隊一、一期生十二、二期生一、三期生七）
昭和47年		全国定期大会にて開催（小板、佐藤君幹事）

解説

松村高夫

「七三一部隊」（関東軍防疫給水部）は、日本現代史のなかの消すことのできない汚点である。その実態を白日の下に晒した『悪魔の飽食』が出版され、多くの人びとに強い衝撃を与えたのは一九八一年であった。つづいて、アメリカ側の資料を入手して書かれた第二部、さらに中国での現地調査にもとづいて書かれた第三部を加えて三部作となり、その後改訂版もだされ、今日まで様々なインパクトを与えてきた。本書の歴史学への貢献も極めて大きいものがある。ひとりの推理作家が「ペア・ワーカー」とともに多大なエネルギーを投じて聞きとりや未発見資料の発掘を行ない、歴史の空白を埋めたことは、歴史学者に自らが採ってきた研究方法と分析視角について深刻な反省を迫るのに充分であった。

本書（第二部）は、主としてアメリカ側資料にもとづいて、七三一部隊の実態を明らかにしている。まず第一章で、一九四五年八月、日本の敗戦を間近かにして、証拠隠滅のため平房の七三一部隊の建物が破壊され、収容されていた「丸太」も全員殺された事実が描かれたあと、第二章は一九四七年に繰りひろげられた部隊の細菌戦研究成果の入手をめぐるアメリカとソ連の攻防戦からはじまる。アメリカは、部隊長石井四郎たちを文書では明示しないまま戦犯免責し、その代りに人体実験をはじめとするあらゆる実験研究成果を独占する方針を採った。ソ連が要求した石井たちの尋問に対して、いかにしてそれを実現させずに研究成果の独占をはかったかは、GHQとアメリカ本国との間に飛び交った秘密文書が生き生きと示している（本書一〇二—一一四頁）。こうしてアメリカは一九四七年秋には「ソ連抜き」の尋問に成功し、その調査報告「ヒル・レポート」（一九四七年十二月十二日付）が提出された（一一四—一一九頁）。そして、著者の追跡の過程でノバート・H・フェルなる来日して部隊員を調査した「一人の重要な男」が浮び上り、彼が尋問したときの通訳を探しだす。さらに、第三章では、フォート・デトリックで発見された「トムプソン・レポート」という石井四郎を尋問した報告書のかなりの部分を収録し、詳細な解説をつけている（資料1　二三二—二五二頁にも収録されている）。つぎつぎと埋もれていた資料が発見され提示されていく過程は、読者を魅きつけてやまない。

アメリカによる七三一部隊の調査は、第二次大戦後ただちに開始され、一九四七年十一月まで四次にわたる調査が断続的に行なわれている。来日した調査責任者は第一次調査から順に挙げると、マリー・サンダース、アーヴォ・T・トムプソン、ノバート・H・フェル、エドウィン・V・ヒルであり、GHQのマッカーサーとウィロビー（GII部長）の全面的協力の下に関係者を尋問し、その調査結果を（サンダース以外は）アメリカ国防総省化学戦部隊長宛に提出している。このなかで人体実験が記録されるのは、いずれも一九四七年になってからであり、第三次調査の「フェル・レポート」（一九四七年六月二十日）と第四次調査の「ヒル・レポート」（一九四七年十二月十二日）においてである。それ以前の「サンダース・レポート」（一九四五年十一月一日）と「トムプソン・レポート」（一九四六年五月三十一日）では、尋問された部隊員たちが隠し通したため、人体実験については報告されていない。

ところで、本書（第二部）では、著者によるアメリカ側の資料発見の過程にそって書かれているために、各種レポートについてヒル、フェル、トムプソンの順で登場しており、じっさいにレポートが作成されたのとはちょうど逆の順序になっている。また、「トムプソン・レポート」ほど重要性がないと判断されたためだろうが、「サンダース・レポート」については言及されていない。さらに、当然のことながら、「フェル・レポート」の内容については、本書刊行当時には判明していなかったので記述がみられない。そこでこの解説では、その後新たに判明した事実も加えて、アメリカ側資料の全体像を示し、そのなかに占める資料の位置づけを明らかにしたい。

一九四五年八月、フィリピンで化学戦部隊に配属されていたマリー・サンダースは、マッカーサー総司令官から七三一部隊の調査を命じられ、八月下旬、米陸軍太平洋軍科学・技術顧問団の一員として来日し、ハリー・ヤングスとともにただちに調査を開始した。九月、十月にかけて陸軍軍医学校、参謀本部、陸軍医務局、そして七三一部隊の関係者を尋問するが、石井四郎（一九三六―四二年および一九四五年三月―終戦に七三一部隊長）は潜伏していたために、また北野政次（一九四二―四五年に七三一部隊長）は帰国していないために尋問できなかった。

調査報告は、REPORT ON SCIENTIFIC INTELLIGENCE SURVEYIN JAPAN (September & October 1945) Volume V.—Biological Warfare『日本における科学情報調査報告、一九四五年九月、十月、第五巻—細菌戦』として、一九四五年十一月一日に提出された。（この「サンダース・レポート」は、本書一二三頁の下の写真である。）この報告の付録に尋問記録のあるものは合計九名、そこには部隊関係者が、人体実験という肝腎な点は隠しながらも、しだいに部隊の組織や実験内容を供述していった経過がよく示されている。

尋問のさいの通訳は、アメリカ留学の経験のある内藤良一であった。後日、朝日新聞記者のインタヴューで、「隊員との最初の接触は」との問いに対して、サンダースは、「調査開始直後、通訳としてドクター・ナイトウがやってきた。私は最初、ナイトウが七三一部隊幹部とは知らなかった。今から考えると、だれが彼をよこしたのか不思議だ。ドクター・ナイトウは、その後、ミドリ十字の社長になった」（『朝日新聞』一九八三年八月十四日）と答えている。つづけてサンダースは、こう語っている。「深夜、ナイトウのいない時を狙って、七三一の幹部から若い兵士たちまで、こっそり私に会いに来た。細菌爆弾の設計図を渡しに来た者もいた。みんな、そのかわりに自分だけは戦犯を見逃してくれと私に頼んだ。（内藤は）あまり協力しないで逆に私をためそうとした。一か月ほどしたころ、私は『これでは厳しい尋問をする人間に任せざるを得ない』と通告した。すると、その夜、彼は徹夜して報告書を書き、持って来た。それにより、私は初めて全体像をつかめ、リストにより次々と幹部を尋問することが可能になった」

この徹夜で書いてサンダースにだした報告書が残っている。（『毎日新聞』一九八五年十二月七日夕刊）（一九四五年九月とだけ書かれ、日付はない。）冒頭で内藤は、「私は貴殿の調査の真摯な努力を助けるために、細菌戦について私の知っている全てを貴殿に話すことが科学者として私の義務であると感じている」と書き、部隊の天皇を頂点とする組織略図、石井、北野という部隊長名やハルビンの部隊を構成する八部とその役割等々を示した。この情報を与えることを神林浩（軍医中将、陸軍省医務局長）に話し、神林が参謀本部の許可を得るべく努力をしたが、未だ許可はおりていないとしたあと、次のように書いている。「私のこの行為が我々の参謀本部に対立するかもしれないことをたいへん恐れている。貴殿がこれを読んだらただちにこの報告書を燃して欲しい。この情報を、参謀本部だけでなく神林にも秘密にして欲しい。私はこの情報を与えることに命が懸かっていることを貴殿に理解してもらいたい。もし私がこの情報を与えたことを誰かが知ったならば、私は殺されるだろう。私の唯一の望みは、このあわれな敗れた国を救うことにある。」身の危険があるので焼却して欲しいという要請に対し、サンダースはそれを実行しなかったから、その報告書が資料として残ったのだが、おそらくこの内藤の秘密報告書が七三一部隊の組織をアメリカ側に明らかにした最初のものであろう。この報告書の付記としてサンダースは「ドクター・ナイトウに捕虜を実験用『モルモット』として使ったことはないかと質問した。彼はそのようなことはなかったと誓った」と書いている。人体実験をしなかったというのは虚偽の回答だったわけだが、後日それを知ったサンダースは、「ナイトウたちは私に『誓って人体実験はやらなかった』と繰り返し言い、私はそれを信じていた。ところが最近になってそのことを知り、大変ショックを受けた。ナイトウは故人になったが、私としては彼に裏切られた気持だ」（『朝日新聞』一九八三年八月十四日）と語っている。サンダースは七三一部隊が人体実験を行なったことを知らなかったのである。

人体実験については騙されたサンダースは、ともあれ内藤の報告書によって七三一部隊の全体像を初めてつかむことができ、次々と部隊幹部を尋問することが可能となった。まず、九月十九日にGHQで、陸軍兵器行政本部の新美清一に対し化学兵器について尋問し、同月二十七日の陸軍軍医学校での尋問では、イペリットやルイサイトといった毒ガス治療法の報告書を入手している（『毎日新聞』一九八四年八月十六日）。同月二十日には軍医学校で、出月三郎（防疫室室長）と井上隆朝（細菌学教室室長）を尋問したが、軍医学校防疫研究室は防衛面に責任を負っていた、ハルビン、北京、南京、広東、シンガポールに置かれていた恒久的な防疫給水部の任務は、看板通りの防疫給水だった、細菌戦用兵器や研究については何も知らない、といった答えが返ってくるだけで、サンダースにとって、「これは細菌戦についての最初の尋問だったがまったく不満足なものだった。」出月たちは日本の軍医学校とハルビン（平房）の七三一部隊の関係を供述していないだけでなく、攻撃用の細菌実験が行なわれたことすら述べていない。十月一日に対細菌戦防御の責任者であった井上隆朝を再度尋問したときには、軍医学校の研究記録は学校が九割以上空襲で焼失したのでもはや入手不可能であると述べた。しかし十一月になって記録の複製が新潟支部に送られており、残っていることが判明することになる。なお、一九八八年八月には、山中恒氏により『陸軍軍医学校防疫研究報告』のうち第二部十号から九四七号までの間の六十一冊が発見された。（『朝日新聞』一九八八年八月二十一日）報告は、コレラやペスト菌の大量培養、フグ毒の大量精製などを含むものであり、七三一部隊の陰に隠れていた防疫研究室の実態が明らかにされた。また、『研究報告』のなかには、一九四〇年三月三十日、石井四郎が軍医学校で開催された軍陣医薬学会での講演記録（第九九号）も含まれており、それによると、固定の防疫機関としては、関東軍防疫給水部（ハルビン、部隊長石井四郎、編成人員千八百三十六人、一九三六年八月十一日編成）の他に北支那防疫給水部（北京）中支那防疫給水部（南京）、南支那防疫給水部（広東）と並んで、「陸軍軍医学校防疫研究室」（部隊長石井四郎、東京、編成人員三百十人、一九三三年四月一日編成）の五つが並置されており、東京の防疫研究室と防疫給水部との関係を明示している。なお、この他に移動の防疫機関が二十二列記されており、そのなかの一つに「ノモンハン事件加茂部隊、部隊長石井四郎、編成人員九九五人、一九三九年六月二十一日編成、復員」との記述がある。

陸軍軍医学校の関係者の尋問が「全く不満足なものだった」ので、サンダースは、陸軍省医務局長の神林浩と海軍省医務局長の保利信明を尋問した。神林は、九月二十五日の尋問で「非常に協力的であるとの強い印象」をサンダースに与えたが、じじつ、十月二日には七三一部隊の基本的資料、すなわち、部隊の規模（本部、支部の所在地）、命令系統図、部隊の任務、本部の組織図（七三一部隊本部〈平房〉の各部の部長名や、牡丹江、林口、孫呉、海拉爾（ハイラル）、大連の各支部の支部長名）、ワクチンおよび血清の生産能力を提供している。だが、このときは「細菌研究は日本軍全体のなかでは取るに足らぬ小規模なもの」との印象を与えたにすぎず、防御のための実験以上のデータは提出していない。ところが、内藤良一が十月六日の尋問で初めて、「平房研究所の任務は初めから実戦用兵器としての細菌兵器の開発だった」ことを明らかにした。同時に、部隊の平房設置に至るまでの経過や宇治型爆弾、ハ型爆弾、ロ型爆弾、「母娘」爆弾といった細菌兵器種類が図面入りで説明され、サンダースは、「日本軍の細菌戦計画の規模が初めて明らかになった」と評価し、「今後の課題はこれらのデータを入手できるか否かにある」として、そのデータの入手に意欲を燃やした。十月七日には、これらの各種爆弾について金子順一を尋問し詳細をききだしている。金子は一九四一年までの三年半の間平房におり、以後、東京の軍医学校にいた人物である。

一九四五年十月八日に増田知貞がハルビンから東京に到着すると、尋問は大きく進展し、部隊の核心的部分を捉えはじめた。というのは、増田は石井四郎の片腕で、日本の敗戦がなければ七三一部隊の石井、北野につづいて三代目の部隊長になっていたはずの大物の幹部だったからである。翌九日、サンダースの尋問をうけた増田は、七三一部隊で「細菌戦研究を秘密裡に行なっていた」、「攻撃面の細菌戦研究の部門は、秘密保持のため、互いに協力することがなかった」と述べている。増田の提出した経歴をみても、軍医学校教官（一九三一―三二年、一九四一―四三年）と七三一部隊（一九三七―三九年と一九四五年四月―終戦）とが入り組んでおり、平房の部隊と東京の軍医学校の間の強い関連を示している。増田が急性マラリアにかかっていることが分り最初の尋問は中断されたが、三日後の十月十一日と十月十六日に尋問をうけた。増田自身「細菌戦に関する活動の全貌を知っているのは石井と自分自身だけである」（十月八日）と豪語しているが、増田の供述は、「サンダース・レポート」の核心になるものだった。すなわち平房で実験に使用された病原体の種類、培養基、大量生産の方法、生存能力の研究、井戸の汚染、実験動物、細菌の噴霧（エアゾール）、飛行機からの直接散布、部隊の感染事故について詳しく供述しているのである。実験には、病原体としては腸チフス菌、パラチフス菌、赤痢菌、コレラ菌、ペスト菌、炭疽菌、鼻疽菌、嫌気性菌（破傷風菌等）が使用され、爆弾の野外実験には、霊菌と炭疽菌の二種類が使用され、また炭疽菌の研究では、二年間に馬百頭、羊五百頭が使われた、と供述している。平房の研究費は、一九四四年度は六百万円、部隊員数は、一九三九―四〇年が最大規模で三千人、一九四五年の部隊崩壊直前には千五百人であったことも、初めて明らかにされた。こうして十一月一日に「サンダース・レポート」が提出される。

「サンダース・レポート」は、以上二か月間の尋問をまとめ、細菌戦の中心機関は平房にあり、最大時は三千人の部隊員を抱え、実戦用細菌兵器の製造に力点がおかれ、八種類の特別の爆弾、とくに宇治型爆弾が徹底的に研究され、二千個以上が野外で実験されたと報告している。しかし、ここでは安達で野外の人体実験をしたことは、未だ明らかになっていない。そして、レポートの「結論」では、日本の細菌戦計画は実用的兵器をつくりだしていなかったとの認識が示され、また、たとえ細菌・化学兵器を手中にしていても、アメリカの細菌・化学兵器による報復をおそれていたので攻撃には使用することはなかっただろう、と指摘している。

サンダースが病気になり帰国したあと、千葉に潜伏していた石井四郎がＧＨＱによってつきとめられ、東京に連れてこられた。一九四五年末か四六年初めに、石井はＧＨＱとの間で取引きをし（いわゆる「鎌倉会議」）、細菌戦の情報と引き換えに部隊関係者の戦犯免責を得たとされているが、これは石井自身が何人かに話したもので、戦犯免責は、マッカーサー、ウィロビー、サンダースの間でもっと早い時期の一九四五年秋には決まっていたようである。前出のインタヴューで、サンダースは、「戦犯免責の取引きは関知していたか」との問いに対して、次のように語っている。「イエス。一九四五年秋だった。GHQの私の上司だったウィロビー少将に相談し、二人で総司令官室に行った。マッカーサーをはさんで私たちが座った。その時のやりとりは、よく覚えているが、次のようだった。ウィロビー『七三一部隊の解明は、彼らを戦犯に問わないという保証をしてやらないとうまく進まない。サンダース中佐がその保証をしてやっていいですか。』マッカーサー『それでよろしい。』ウィロビー『サンダース中佐が、あなたの言葉として使っていいですか。』マッカーサー（黙ってうなずく）」

サンダースの調査をひきつぐために、キャンプ・デトリックのアーヴォ・T・トムプソンが来日し、一九四六年一月十一日から三月十一日までの二か月間、調査を行なった。これが第二次調査である。トムプソンの調査は、石井を尋問することに照準が合わされていた。石井の第一回目の尋問は一九四六年一月十七日に東京で行なわれ、それ以降二月二十五日までの間、とびとびに行なわれた。一月九日にはもう一人の部隊長北野政次が、上海からアメリカ軍の飛行機で一人帰国し、毎週一回ずつ尋問をうけた。石井の尋問は、REPORT ON JAPANESE BIOLOGICAL WARFARE (B. W.) ACTIVITIES『日本の細菌戦活動に関する報告』として一九四六年五月三十一日に化学戦部隊長宛に提出された。この「トムプソン・レポート」（本書一二三頁の上の写真）は、本書の第三章および資料１に収録され、詳しい説明が与えられているので、ここでは省略しよう。ただ、石井四郎は（北野政次も）、人体実験については秘匿していただけでなく、七三一部隊のその他諸々のことも「サンダース・レポート」の内容を越えないように用心深く供述していることに注意する必要があろう。

　七三一部隊における人体実験の調査は、一九四七年初めにソ連が旧部隊員の尋問許可を要請したことに端を発する。国際検察局ＩＰＳが、ＧＨＱ、ＧⅡ宛に電話で、ソ連代表が極東国際軍事裁判所（東京裁判）に細菌戦に関する尋問許可を要請したと告げたのが一九四七年一月七日。翌々日にはヴァシリエフ（ソ連次席検察官）からウィロビー（ＧⅡ部長）宛の「覚え書」が送付された。そこには、七三一部隊が細菌研究を行ない、その実験の結果、「大量の人々が殺害されたことについて証言する」ため石井四郎、菊池斉（ひとし）（第一部細菌研究部長）太田澄（きよし）（第二部実戦研究部長）の三人を尋問したい旨、書かれていた。さっそく一月十五日九時から東京陸軍省で、アメリカとソ連から通訳も含めて合計七人からなる会合がもたれた。その席でのソ連のスミルノフの説明は、アメリカ側を驚嘆させるに充分な内容だった。それは、平房の七三一部隊で細菌戦のための大規模な実験が行なわれ、二千人が死んだこと、安達（アンダー）には野外人体実験場があったことが示され、しかもその情報は、ソ連に拘留中の二人の旧隊員から得たとするものだった。スミルノフは、こういっている。「平房で、人間は監房に収容され、研究所で製造される種々の培養菌の効力についてのデータを提供するため、様々な方法で感染させられた。人間はまた封鎖された車で安達（アンダー）に護送され、杭に縛られ、主に飛行機からの爆弾と噴霧によって、屋外で拡散された細菌に様々な方法でさらされた。犠牲者は観察するために平房にもどされた。……日本は二千人の満州人と中国人を殺すという恐ろしい犯罪をおかし、石井将軍、菊池大佐、太田大佐が関わっている。」

　この供述を行なったソ連拘留中の二人の旧部隊員とは、川島清と柄沢十三夫であった。川島は部隊の第四部細菌製造部長であり、柄沢はその第四部の細菌製造班の班長であった。この供述内容は「途方もないものだったので、ロシアの細菌兵器専門家が呼ばれ、（川島と柄沢を）再尋問し、平房の廃墟を調査し、情報を確認した」とスミルノフは説明した。

　川島、柄沢という旧部隊幹部の供述が契機となって、ソ連がアメリカに石井たちの尋問を要求し、アメリカが人体実験の調査を開始したという点は重要である。というのは、のちに一九四九年十二月のソ連によるハバロフスク裁判の公判記録に、川島、柄沢ら計十二人の被告に対する尋問調書や法廷証言が残され、本書第一部で描かれたように、七三一部隊における人体実験の実態が生々しく供述されているからである。ハバロフスク裁判公判記録はソ連による非公開裁判であることをもって（じっさいは公開裁判で多数の市民が傍聴した。〈『朝日新聞』一九八九年十月四日、九〇年二月五日〉）、被告の証言内容の信憑性に疑問を呈する向きもあるが、アメリカによる第三次・第四次調査はまさに、ハバロフスク裁判記録を裏付けるという関係になっているのである。アメリカはもちろんそれを意図して調査したわけではなく、石井たちの戦争犯罪を裁くために調査したのでもない。史実は逆であった。石井たちを戦犯免責し、その代りに七三一部隊の人体実験の成果を余すところなく獲得しようとしたのである。その目的はアメリカの国益のために細菌・化学戦の情報を収集することにあったのであり、したがって「フェル・レポート」や「ヒル・レポート」の尋問内容は極めて詳細である。この詳細なレポートが、ハバロフスク裁判の被告証言内容を結果的に堅固に裏付けることになるのは、歴史の皮肉といえようか。本書のハバロフスク裁判記録も使った第一部とアメリカ側資料にもとづく第二部の関連は、以上のように、優れて国際的な相互論証関係をもっているのである。

ところで、スミルノフの報告により、アメリカはそれまでのサンダースとトムソンによる二回の調査では、人体実験については完全に騙されていたことをさとらざるをえなかった。当惑したGHQとアメリカ本国（ワシントンの陸軍省統合参謀本部）との間で、石井等の尋問要求にどう対応すべきかをめぐって秘密文書がとび交うことになるのは、前述したとおりである。アメリカは可能ならばソ連に石井たちを尋問させずに、自らが再尋問し、こんどこそ人体実験の成果を独占しようともくろんだのである。そして一九四七年二月十日、マッカーサーは本国の陸軍省参謀本部宛に、石井達の尋問をソ連に許可すべきか否かの判断を求めた（これが本書一〇四頁に示されたC69946である）。ソ連からのほとんど連日の催促にもかかわらず、本国から返信がなかなかこなかったため、ソ連に回答できない状態がつづいた（本書一〇七―一〇八頁の二月二十七日の表明）。三月二十一日、ようやく統合参謀本部の決定がマッカーサーに届いた（これが一〇五頁のW94446である）。そして、三月三十日付ウィロビーからサクストン大佐宛の文書、さらに四月十日付ジョン・B・クーリー大佐からデルビヤンコ対日理事会ソ連代表宛の文書となり、石井・太田をソ連に引き渡すことはできないと通告することになる（この文書は、一二二頁）。

こうしてノバート・H・フェルが一九四七年四月十六日に日本に到着し、約二か月間、「七三一部隊」の人体実験に関する調査を開始することになった。二月までにはGHQのGIIのもとに主に旧部隊員から匿名の手紙が多数届いており、平房で人体実験をしていたことを通告したものもあった。フェルは日本に到着後、それらの手紙が信頼でき、部隊幹部の再尋問が必要であるとのGIIの見解に同意し、さっそく調査を開始した。四月から五月にかけてフェルが尋問したなかには、ソ連が尋問を要求していた石井、菊池、太田はもちろん含まれているが、その他、亀井貫一郎、荒巻ヒロト、増田知貞、金子順一、内藤良一、村上隆、碇常重、若松有次郎等も入っている。本書では石井を尋問したのは通訳U・U氏によると一九四七年六月ごろだったが、月日の正確な記録はない（一四二頁）と書かれているが、フェルは石井を後述するように五月八日・九日に尋問している。亀井は調査に全面的に協力した「有力な日本人政治家」とフェルが呼んだ人物である。この間に、細菌戦の中心的研究者十九名に、細菌・化学の人体実験の報告書を英文で書かせた。炭疽、ペスト、腸チフス、パラチフス、赤痢、コレラに対する人体実験の報告書は六〇頁で、それを書きあげるのに一か月を要した。また、九年間にわたる穀物絶滅研究についても、一〇頁の報告書が八木沢と浜田により提出された。その他細菌爆弾あるいは噴霧（エアゾール）による細菌散布に関する報告（安達（アンダー）での実験と思われる）、中国人に対する十二回の野外実験、風船爆弾、家畜に対する細菌・化学研究についても調査した。

フェルは帰国すると六月二十日付で BRIEF SUMMARY OF NEW INFORMATION ABOUT JAPANESE B. W. ACTIVITIES『日本の細菌戦活動に関する新情報概要』(英文一一頁)を、キャンプ・デトリックより化学戦部隊長宛に提出した。これが「フェル・レポート」の総論に当たるものである。従来、六〇頁の英文レポートが未発見であることをもって、「フェル・レポート」は未発見であり、それが発見されないかぎり、人体実験をアメリカ側資料は示したことにならないとの主張もみられた。しかし、その見解は明らかに誤っている。因みに、四次にわたるレポートの形式は、いずれも、まず総論に当たるものがあり、続いて、各論として個々の調査か尋問記録か付録、補遺かがくる。総論に当たる部分は、各論の要約ないし概要であり、結論が含まれていることもある。フェルはこの六月二十日付レポートで、'Unless otherwise mentioned all of the data given here refer to experiments on humans.'「特記なきときは、ここに示されたデータの全ては人間に対する実験である」と書いて、英文六〇頁の報告を要約し、前記の炭疽、ペストなどの尋問結果を詳しく載せている。石井四郎の尋問は五月八日・九日に行なわれたが、石井には前記六〇頁の英文報告とは別の報告書を書かせようとしており、それは「細菌・化学の分野における石井将軍の二十年間の経験の概要を示すだろうし、七月十日頃入手可能だろう」とあるが、その報告書がじっさいに提出されたか否かは現在は確認できていない。同様に、長春にあった「一〇〇部隊」(関東軍軍馬防疫廠)についてもその旧部隊員二十人が報告書を作成中であり、八月末までに入手可能とあるが、これも提出されたかどうかは未確認である。

この「フェル・レポート」には、細菌戦用病原体による二百人以上の死亡者から作成された顕微鏡用標本八千枚を入手したとあり、この標本は寺や日本南部の山中に秘匿されていたものとある。その標本は、入手した印刷物とともにGHQのGⅡのマッカイル大佐が船積みし、「ひじょうによい状態でアメリカに到着した。」（六月二十二日付フェルからの書簡）。その標本作成に当たった日本人病理学者を呼んで、標本の内容、実験の説明、病歴を整理する作業をすすめさせた。「フェル・レポート」は、「……おそらく様々な報告を分析したのちに我々は解答可能な特定の尋問をすることができるだろう。我々が大量生産という点でも、気象学の研究という点でも、実戦用兵器という点でも、日本より数段優れていたことは明白である。……しかしながら、人体実験のデータは、我々がそれを我々や連合国の動物実験のデータと関連させるならば、ひじょうに価値があることがわかるだろう。病理学研究と人間の病気についての他の情報は、炭疽、ペスト、馬鼻疽の真に効果的なワクチンを開発させるという試みにたいへん役立つかもしれない」と結論している。

フェルの人体実験調査を拡充し、「様々な報告を分析したのち特定の尋問をする」ためにエドウィン・V・ヒルとジョーゼフ・ヴィクターが日本に到着したのは、その年の十月二十八日であった。ヒルは翌二十九日から十一月二十五日まで尋問調査を行ない、その結果を一九四七年十二月十二日付でワシントンの国防総省化学戦部隊長オルデン・C・ウェイト宛に、SUM-

MARY REPORT ON B. W. INVESTIGATIONS『細菌戦調査に関する概要報告』(「ヒル・レポート」)として提出する。(これが本書一一五—一一九頁に収録されている報告である。)そこに記されているように、噴霧(エアゾール)の高橋正彦、金子順一以下、発疹チフスの笠原四郎、北野政次、石川太刀雄他二名まで二十五種類の細菌について、石井四郎、太田澄、増田知貞等合計二十二人の医師が尋問された。報告書に「被尋問者が自発的に情報を提供したことは注目に値する。尋問を通して戦犯免罪保障の訴えは出されなかった」(本書一一六頁)とあえて書かれているのは、石井四郎が石井と部隊員の戦犯免責を文書で与えられるならば、細菌・化学戦研究計画について詳しく供述するとアメリカ側と取引きしたのに対し、細菌戦情報を戦犯の証拠とするか否かをめぐって、最終的に九月八日付で本国よりマッカーサー宛に「安全保障のため、石井とその関係者を戦犯訴追するべきではなく、言質を与えずに、従来通りの方法で全ての情報を一つ残らず入手する作業をつづけなければならない」(本書一一四頁)との決定が伝えられていたからであろう。

「ヒル・レポート」は、「諸結果」という項目の冒頭に、「日本の細菌戦報告で以前に提出された主題に関し追加的情報が得られただけでなく、日本によって徹底的に研究されたが以前には報告されなかった多数の疾病について多くの情報が収集された」(本書一一六—一一七頁に引用されている)として、フェルの調査の追加的情報だけでなく、フェルのときは報告されていない新たな細菌の人体実験の情報を得たことを強調している。そして、本書には収録されていないが、フェルの調査で「既に報告されたもの」として、炭疽、噴霧(エアゾール)、コレラ、馬鼻疽、ペスト、植物の病気、サルモネラ、孫呉熱、破傷風、腸チフス、発疹チフスを挙げ、（フェルでは）「未報告だったもの」として、ボツリヌス、ブルセラ、毒ガス除毒、フグ毒、ガス壊疽、インフルエンザ、髄膜炎、粘素（ムチン）、天然痘、森林ダニ脳炎、結核、野兎病、つつが虫を挙げている。その各論に当たる個別の細菌別の六九頁に及ぶ尋問調査が総論につづいて添付されているが、その一部は要約され、本書一一八―一一九頁にボツリヌスの石井四郎以下として収録されている。これらの個別の尋問調書には、人体実験で何名死亡と記録しているものもある。驚くほど技術的に詳しい各論の尋問調書は、アメリカが何を目的として尋問したかを自ずと表わしているといえよう。

本書一一七頁に指摘されていることは、人体実験に対する尋問調査の目的を集中的に表現しているものとしてとくに重要である。すなわち、「ヒル・レポート」は、「細菌性伝染病の病原菌の接種によって示された人体罹患率の結果として得られた」情報は、「人体実験につきまとう良心の咎めに阻まれて我々の実験室では得られないもの」であり、「このデータを入手するにかかった費用は二十五万円であり」「日本人科学者が数百万ドルの費用と数年の研究をかけて得られたもの」を極めて安く「ほんの端金で」獲得した、と書かれている。こうして、アメリカ側の調査によって、七三一部隊の人体実験の研究成果は、根こそぎアメリカの入手するところとなったのである。

以上、『悪魔の飽食』第二部に登場するアメリカ側資料の、アメリカの調査全体のなかでの位置づけが明らかになったと思われる。それは同時に、本書が一九八〇年代前半という研究状況の制約のなかで、極めて先駆的な資料発掘と選択をなし、優れた分析を行なっていたことを再確認することにもなった。本書は、七三一部隊幹部隊員の供述により人体実験が動かしがたい事実であったことや、アメリカ側が石井四郎以下幹部隊員の戦犯免責とひきかえにその人体実験の成果を獲得すべく最大限の努力をしたことを、すでに尨大なアメリカ側資料にもとづいて明らかにしていたのである。その意味でも本書は、歴史学者に今後も警告を与えつづけるだろうし、なによりもまず多くの読者にファシズムと戦争の恐ろしさを示しつづけ、その再来を防がねばならないとの決意を新たにさせるだろう。(なお、本稿では出典は全て省略したが、その点は松村高夫・全平茂紀「『ヒル・レポート』―七三一部隊の人体実験に関するアメリカ側調査報告」(上)〈『三田学会雑誌』一九九一年七月号〉を参照願いたい。)

作者の言葉

『悪魔の飽食』出版後十年が経過した。その後七三一部隊の研究も進み、新資料や新事実が発見された。ナチスのアウシュビッツに並び称されるこの第二次世界大戦における罪業(ざいごう)は、加害者の手によってその罪跡や証人が抹消されたために、戦後もしばらくの間その全貌を闇に閉じこめられていた。

『悪魔の飽食』において、同部隊の実像に肉薄したという自負はあるが、その後の研究の進展によって、いっそうの正確を期したいというおもいが強くなっていた。ここに慶応義塾大学松村高夫教授の協力を得て、同教授の研究成果を踏まえた改訂版を出せる運びとなったのは、作者として大きな喜びである。

戦争悪を二度と繰り返さぬためには、戦争の実相を後世代に正確に語り伝えることである。戦争の加害者と被害者が真に和解し、不動の平和を達成するためには、前者の真摯(しんし)な反省と加害の告白がなければならない。

被害はできるだけ大袈裟に、加害はなるべく小さく記録するのは、人間の心理である。日本の恥ずべき戦争犯罪である七三一の研究がたゆまずつづけられている事実は、日本人の良心の証明であろう。その意味では『悪魔の飽食』は同じ過誤を二度と繰り返すまじと願う人々にとって共有の財産である。これまで作家と新聞記者によって発掘された過去の事実に学者の手が加わり、平和の礎（いしずえ）たる共有財産の完成度をより高められたのは望外の幸せである。今後機会ある毎に手を加え、真実に近づきたいと願っている。

森村誠一

新版

続・悪魔の飽食

森村誠一

昭和58年 8月10日 初版発行
平成3年 8月20日 改版初版発行
令和7年 9月10日 改版20版発行

発行者●山下直久

発行●株式会社KADOKAWA
〒102-8177 東京都千代田区富士見2-13-3
電話 0570-002-301(ナビダイヤル)

角川文庫 5476

印刷所●株式会社KADOKAWA
製本所●株式会社KADOKAWA

表紙画●和田三造

●お問い合わせ
https://www.kadokawa.co.jp/ (「お問い合わせ」へお進みください)
※内容によっては、お答えできない場合があります。
※サポートは日本国内のみとさせていただきます。
※Japanese text only

ISBN978-4-04-136566-3 C0195

◆◇◇

角川文庫発刊に際して

角川源義

第二次世界大戦の敗北は、軍事力の敗北であった以上に、私たちの若い文化力の敗退であった。私たちの文化が戦争に対して如何に無力であり、単なるあだ花に過ぎなかったかを、私たちは身を以て体験し痛感した。西洋近代文化の摂取にとって、明治以後八十年の歳月は決して短かすぎたとは言えない。にもかかわらず、近代文化の伝統を確立し、自由な批判と柔軟な良識に富む文化層として自らを形成することに私たちは失敗して来た。そしてこれは、各層への文化の普及滲透を任務とする出版人の責任でもあった。

一九四五年以来、私たちは再び振出しに戻り、第一歩から踏み出すことを余儀なくされた。これは大きな不幸ではあるが、反面、これまでの混沌・未熟・歪曲の中にあった我が国の文化に秩序と確たる基礎を齎らすためには絶好の機会でもある。角川書店は、このような祖国の文化的危機にあたり、微力をも顧みず再建の礎石たるべき抱負と決意とをもって出発したが、ここに創立以来の念願を果すべく角川文庫を発刊する。これまで刊行されたあらゆる全集叢書文庫類の長所と短所とを検討し、古今東西の不朽の典籍を、良心的編集のもとに、廉価に、そして書架にふさわしい美本として、多くのひとびとに提供しようとする。しかし私たちは徒らに百科全書的な知識のジレッタントを作ることを目的とせず、あくまで祖国の文化に秩序と再建への道を示し、この文庫を角川書店の栄ある事業として、今後永久に継続発展せしめ、学芸と教養との殿堂として大成せんことを期したい。多くの読書子の愛情ある忠言と支持とによって、この希望と抱負とを完遂せしめられんことを願う。

一九四九年五月三日

角川文庫ベストセラー

新版 悪魔の飽食 日本細菌戦部隊の恐怖の実像　森村誠一

日本陸軍が生んだ〝悪魔の部隊〟とは？　世界で最大規模の細菌戦部隊は、日本全国の優秀な医師や科学者を集め、三千人余の捕虜を対象に非人道的な実験を行った。歴史の空白を埋める、その恐るべき実像！

悪魔の飽食 第三部　森村誠一

一九八二年九月、著者は戦後三十七年にして初めて〝悪魔の部隊〟の痕跡を辿った……第一、二部が加害者の証言の上に成されたのに対し、本書は現地取材に基づく被害者側からの告発の書である。

人間の証明　森村誠一

ホテルの最上階に向かうエレベーターの中で、ナイフで刺された黒人が死亡した。棟居刑事は被害者がタクシーに忘れた詩集を足がかりに、事件の全貌を追う。日米合同の捜査で浮かび上がる意外な容疑者とは!?

野性の証明　森村誠一

山村で起こった大量殺人事件の三日後、集落唯一の生存者の少女が発見された。少女は両親を目前で殺されたショックで「青い服を着た男の人」以外の記憶を失っていたが、事件はやがて意外な様相を見せ!?

高層の死角　森村誠一

巨大ホテルの社長が、外扉・内扉ともに施錠された二重の密室で殺害された。捜査陣は、美人社長秘書を容疑者と見なすが、彼女には事件の捜査員・平賀刑事と一夜を過ごしていたという完璧なアリバイがあり!?

角川文庫ベストセラー

超高層ホテル殺人事件　森村誠一

クリスマス・イブの夜、オープンを控えた地上62階の超高層ホテルのセレモニー中に、ホテルの総支配人が転落死した。鍵のかかった部屋からの転落死事件の捜査が進むが、最有力の容疑者も殺されてしまい⁉

人間の証明PARTⅡ 狙撃者の挽歌 上、下　森村誠一

肌寒い夜、一人の少女が権兵衛老人の下に逃げ込んできた。とっさに少女を匿ったその老人は、かつて新宿で名を馳せた殺し屋集団の元組長であった。老人は少女を守るため修羅の世界に戻っていく――。

流星の降る町　森村誠一

日本最大の暴力団が企てた、町の乗っ取り作戦。前代未聞の陰謀に、元軍人や元泥棒など、第一線を退いた七人の市民が立ち上がる。逃げ続けていたそれぞれの人生の復活を賭けた戦いに、勝ち目はあるのか――。

海の斜光　森村誠一

轢き逃げで息子を失い、妻にも先立たれた作家の成田は、佐賀へ傷心を癒す旅に出た。旅先で知り合った女性と心を通わせる成田だったが、数日後、唐津の名勝・七ッ釜で女性が水死体となって発見され⁉

南十字星の誓い　森村誠一

1940年、外務書記生の繭は、赴任先のシンガポールで華僑のテオと出逢い、植物園で文化財を守る日々を過ごす。しかし、太平洋戦争が勃発し、文化財も戦火にさらされてしまい――。